“十三五”国家重点图书

北京市科学技术协会科普创作出版资金资助

数学与人文·第二十二辑

Mathematics & Humanities

数学竞赛和数学研究

SHUXUE JINGSAI HE SHUXUE YANJIU

主　编　丘成桐　刘克峰　杨　乐　季理真

副主编　熊　斌

高等教育出版社·北京

International Press

内 容 简 介

本专辑的主题是数学竞赛以及它与数学研究之间的关系。

在“数学史上有名的解题竞争”栏目中，汪晓勤和郭学萍以翔实的史料介绍了 16 世纪意大利数学家之间关于求解三次方程的激烈竞争——这场竞争导致复数的发现，并引发 19 世纪阿贝尔和伽罗瓦开创现代代数学的工作。王善平介绍了 17 世纪法国数学家帕斯卡和费马如何通过信件来往互相挑战解决关于赌金分配的问题——他们的工作开创了近代概率论这门学科。在“数学竞赛面面观”栏目中，牛伟强介绍了美国“普特南数学竞赛”，汪杰良介绍了丘成桐中学数学奖，冷岗松的文章对数学竞赛命题的类型、评判标准作了深入的分析，田廷彦写了“奥数与奥数热之我见”，冯大诚回忆自己在 20 世纪 60 年代参加的中学生数学竞赛并批评了当前教育的急功近利。诺贝尔物理学奖获得者 Frank Wilczek 谈论了自己在高中时代所参加的“西屋青少年科学竞赛”。在“从数学竞赛到数学研究”栏目中，两位菲尔兹奖获得者兼 IMO 金牌获得者 W. Timothy Gowers 和 Stanislav Smirnov 分别撰文，以亲身的体验告诉我们，奥数竞赛问题与数学研究问题之间的根本差别。

本专辑还刊载了谢耘的“创新的挑战与教育的缺失”、郭书春的“李善兰翻译的微分、积分与《九章筭术》”、约翰 · 麦卡利的“流形与纤维空间的历史”等文章。

丛书编委会

《数学与人文》丛书序言

丘成桐

《数学与人文》是一套国际化的数学普及丛书，我们将邀请当代第一流的中外科学家谈他们的研究经历和成功经验。活跃在研究前沿的数学家们将会用轻松的文笔，通俗地介绍数学各领域激动人心的最新进展、某个数学专题精彩曲折的发展历史以及数学在现代科学技术中的广泛应用。

数学是一门很有意义、很美丽、同时也很重要的科学。从实用来讲，数学遍及物理、工程、生物、化学和经济，甚至与社会科学有很密切的关系，数学为这些学科的发展提供了必不可少的工具；同时数学对于解释自然界的纷繁现象也具有基本的重要性；可是数学也兼具诗歌与散文的内在气质，所以数学是一门很特殊的学科。它既有文学性的方面，也有应用性的方面，也可以对于认识大自然做出贡献，我本人对这几方面都很感兴趣，探讨它们之间妙趣横生的关系，让我真正享受到了研究数学的乐趣。

我想不只数学家能够体会到这种美，作为一种基础理论，物理学家和工程师也可以体会到数学的美。用一种很简单的语言解释很繁复、很自然的现象，这是数学享有“科学皇后”地位的重要原因之一。我们在中学念过最简单的平面几何，由几个简单的公理能够推出很复杂的定理，同时每一步的推理又是完全没有错误的，这是一个很美妙的现象。进一步，我们可以用现代微积分甚至更高深的数学方法来描述大自然里面的所有现象。比如，面部表情或者衣服飘动等现象，我们可以用数学来描述；还有密码的问题、计算机的各种各样的问题都可以用数学来解释。以简驭繁，这是一种很美好的感觉，就好像我们能够从朴素的外在表现，得到美的感受。这是与文化艺术共通的语言，不单是数学才有的。一幅张大千或者齐白石的国画，寥寥几笔，栩栩如生的美景便跃然纸上。

很明显，我们国家领导人早已欣赏到数学的美和数学的重要性，在 2000 年，江泽民先生在澳门濠江中学提出一个几何命题：五角星的五角套上五个环后，环环相交的五个点必定共圆，意义深远，海内外的数学家都极为欣赏这个高雅的几何命题，经过媒体的传播后，大大地激励了国人对数学的热情，我希望这套丛书也能够达到同样的效果，让数学成为我们国人文化的一部分，让我们的年轻人在中学念书时就懂得欣赏大自然的真和美。

前　言

熊　斌

没有什么学科领域比数学更像竞技体育了。数学家钻研数学难题，有时不仅仅是为了探究数学的抽象结构或解决重要的应用问题；而更像是在参加一场智力上的竞赛，优胜者赢得荣耀和地位。如同体育比赛，数学也是“胜者为王”——往往只承认第一名而忽视第二名。在近代数学史中，数学家的解题竞争曾经是数学发展的重要动力。在当代，各种数学竞赛作为数学课堂教学的补充盛行于大中小学，甚至出现了仿效体育奥林匹克的“国际数学奥林匹克”(IMO)。然而，特别是在中国，过分看重数学竞赛的成绩，把它们当作保送学生进名校的“敲门砖”的做法，也受到广泛的质疑和批评。

本专辑将呈现数学竞赛的若干方面，以期让读者对数学的这一重要特点有更多的了解，并能帮助推动关于如何正确理解数学竞赛与数学研究之间的关系以及如何在数学教育中合理开展数学竞赛活动等问题的深入思考和讨论。

汪晓勤和郭学萍的“16 世纪的数学竞赛与三次方程求根公式的诞生”，以翔实的史料，生动描述了 16 世纪意大利数学家之间关于求解三次方程的激烈竞争；这场竞争导致复数的发现，并刺激后辈数学家寻找更高次方程的根式解——其最终结果是 19 世纪阿贝尔和伽罗瓦开创现代代数学的工作。王善平的“17 世纪赌金分配的解题竞争与概率论的诞生”，通过解读当时法国两位数学家帕斯卡和费马之间的通信，介绍他们如何互相挑战解决关于赌金分配的问题——他们的工作开创了近代概率论这门学科。

牛伟强的“普特南数学竞赛简介”，让我们得以了解这个享有盛名的美国大学生数学竞赛的起源、规则和发展。汪杰良的文章，介绍了以国际数学大师丘成桐先生命名的中学数学奖，该奖的宗旨是：“激发中学生对于数学研究的兴趣和创造力，鼓励中学生在数学方面的创造性，培养和发现年轻的数学天才，建立中学教师和大学教授之间的联系。”

冷岗松的文章对数学竞赛命题的类型、评判标准作了深入的分析，并给出许多有趣的例子来演示如何产生合适的竞赛命题。田廷彦的“奥数与奥数热之我见”，结合其亲身经历，对奥数的特点、奥数热的形成及其所产生的社会问题进行了剖析和反思。冯大诚在其文章中，回忆自己在 20 世纪 60 年代参加的中学生数学竞赛；并对比当时的教育状况，对现代中国教育的急功近利作了分析和批评。

诺贝尔物理学奖获得者维尔切克（Frank Wilczek）在其文章中，谈到自己在高中时代参加“西屋青少年科学竞赛”（现更名为“英特尔青少年科学竞赛”）获得优胜奖，这件事如何改变了他的一生，并认为这个青少年科学竞赛在美国科学中有重要的作用。两位菲尔兹奖获得者高尔斯（W. Timothy Gowers）和斯米尔诺夫（Stanislav Smirnov）——他们也是 IMO 金牌获得者——分别撰文，以亲身的体验告诉我们，奥数竞赛问题与数学研究问题之间的根本差别。

本专辑还刊载了谢耘的文章“创新的挑战与教育的缺失”，其中对现有的教育体系如何有效支撑创新作了很有启发性的论述和建议。郭书春的“李善兰翻译的微分、积分与《九章筭术》”，通过对中国传统数学经典及其刘徽注的鞭辟入里的分析，考察了“微分”和“积分”这两个词在中西方数学中所代表之含义的异同。约翰 · 麦卡利（John McCleary）的“流形与纤维空间的历史”，形象地用“乌龟”和“兔子”来形容两类不同工作方式的数学家，他们共同创造和发展了现代微分几何中一些重要的基本概念。

目　录

《数学与人文》丛书序言（丘成桐）

前言（熊斌）

数学史上有名的解题竞争

3　16 世纪的数学竞赛与三次方程求根公式的诞生（汪晓勤、郭学萍）

18　17 世纪赌金分配的解题竞争与概率论的诞生（王善平）

数学竞赛面面观

31　普特南数学竞赛简介（牛伟强）

45　丘成桐中学数学奖介绍（汪杰良）

60　谈谈数学竞赛命题（冷岗松）

73　奥数与奥数热之我见（田廷彦）

106　亲历 60 年代的数学竞赛——兼说教育的急功近利（冯大诚）

109　青少年科学竞赛如何影响了美国科学（Frank Wilczek，译者：梁丁当）

从数学竞赛到数学研究

115　国际数学奥林匹克问题与研究问题之比较——从 Ramsey 理论谈起（W. Timothy Gowers，译者：张瑞祥）

129 如何比较研究问题与国际数学奥林匹克问题?
——围绕游戏漫步（Stanislav Smirnov，译者：姚一隽）

创新与教育

143 创新的挑战与教育的缺失（谢耘）

数学史

149 李善兰翻译的微分、积分与《九章算术》（郭书春）

163 流形与纤维空间的历史: 乌龟与兔子（约翰 · 麦卡利, 译者: 罗之麟）

数学史上有名的解题竞争

16 世纪的数学竞赛与三次方程求根公式的诞生

汪晓勤、郭学萍

汪晓勤，华东师范大学教师教育学院教授，博士生导师，现任全国数学史学会副理事长和全国数学教育研究会副理事长。研究方向为数学史与数学教育。

郭学萍，华东师范大学数学系副教授。

虽然古代中国、印度和阿拉伯人都会解一元三次二项方程，5 世纪的中国数学家祖冲之、7 世纪的中国数学家王孝通和 13 世纪的意大利数学家斐波那契还会求形如

$$x^3 + px^2 + qx = r \quad (p > 0, q > 0, r > 0)$$

的三次四项方程正根的近似值，但 16 世纪以前，数学家们一直未能找到三次方程的一般求根公式。在一部 14 世纪的意大利数学手稿中，作者类比一元二次方程的求根公式，给出了三次方程 $px^3 = ax + b$ 的错误求根公式：

$$x = \frac{a}{2p} + \sqrt[3]{\left(\frac{a}{2p}\right)^2 + b}.$$

15 世纪意大利数学家帕乔利 (L. Pacioli, 1445—1517) 在《算术、几何、比和比例概论》(1494) 一书中告诉我们，三次和四次方程 $ax^3+bx=c, ax^3+bx^2=c$ 和 $ax^4+bx^3=c$ 的求解和古希腊几何难题——“化圆为方”问题一样是不可能的。

三次方程求根公式的历史与 16 世纪意大利数学家之间的数学竞赛密切联系在一起。当时，意大利的数学家们之间常常公开互相挑战，这不仅仅是为了赢得荣誉，而且也是为了各自的切身利益。失败者声名扫地，门庭冷落，不再能招到弟子，从而失去经济来源；而胜利者则会受邀去各地讲学，受人拥戴，从者如云，从而获取丰厚的物质利益。因此，当一位数学家做出一项新发现时，他往往采取秘而不宣的策略，将其视为秘密武器，以便在竞赛中

凭借这样的秘密武器而战胜对手。然而，这样的秘密武器却给三次方程求根公式的发现者塔尔塔利亚 (N. Tartaglia, 1499—1557) 带来了不幸。

一、水城较量

塔尔塔利亚于 1499 年出生于意大利的布雷西亚城。父亲是一名邮递员，约于 1506 年去世，抛下母子三人相依为命。塔尔塔利亚 13 岁时，法国军队入侵布雷西亚，在教堂中避难的他头部五处受伤。幸亏有母亲的精心护理，他才活了下来，但留下了终身的后遗症：口吃。“塔尔塔利亚”在意大利语中即为“口吃”之意。14 岁时，塔尔塔利亚上了学，但很快由于缴不起学费而辍学，此后再也没有上过学。在同龄人接受学校教育的时候，他却为谋生而干起辛苦的体力活，用他自己后来的话说，“唯有‘贫穷’的女儿——‘辛劳’与他做伴”。但他很早就显示出了惊人的数学才能，约在 18 岁时，他当上了算术老师。而立之年，他成了家，并经营过一所学校。1534 年，他去了威尼斯，当上了数学教授。

1530 年，塔尔塔利亚的老乡、在布雷西亚经营一所算术学校的科瓦 (Zuan de Torrini da Coi) 向塔尔塔利亚请教如下问题：

- 一个数的平方根加 3，乘以这个数，乘积为 5，求这个数。
- 求三数，其中第二数比第一数大 2，第三数又比第二数大 2，三数乘积为 1000。

用今天的代数符号表示，这两个问题分别相当于求解三次方程 $x^3+3x^2=5$ 和 $x^3+6x^2+8x=1000$。

塔尔塔利亚答复说，他已经获得求解三次方程

$$x^3+px^2=q \tag{1}$$

的一般方法，但由于种种原因，他只能秘而不宣；至于第二个问题，他承认不会解，但他丝毫不相信它是不能解的。他措辞严厉地对科瓦说：“我知道布雷西亚的教授们对您敬而远之，因为，为了让他们视您为大数学家，您向他们提些连您自己也不会解的问题。我敢用 10 杜卡托[1] 赌您 5 杜卡托，这两个问题就属于这种情况。您应该为这种行为感到羞愧!”

塔尔塔利亚自称会解三次方程的消息传到了博洛尼亚人费奥 (Antonio Maria Fiore) 的耳朵里。这个费奥曾经是博洛尼亚大学算术与几何学教师费罗 (S. Ferro, 1465—1526) 的学生。早在二十多年前，费罗成功地解出方程

[1]威尼斯古金币名。

(1) 的根，并把解法传授给了费奥。因此，费奥有恃无恐，夸下海口说，既然塔尔塔利亚自称能解三次方程，那他就要来羞辱他一番。塔尔塔利亚觉得费奥只是个没有任何理论知识的算术家，起先并没有把他放在心上。但当他得知费奥的老师曾把方程 (1) 的解法教给费奥时，他开始担心起来。于是，他全身心投入对这个方程的研究，终于在 1535 年 2 月 14 日找到了方程 (1) 以及

$$x^3 = px + q, \tag{2}$$

$$x^3 + q = px^2 \tag{3}$$

的解法。八天后，即 1535 年 2 月 22 日，费奥果真来到威尼斯，并向他提出公开挑战。塔尔塔利亚接受了挑战。在公证人赞贝里 (Jacomo Zambelli) 家，费奥提出了 30 个问题，并拿出一笔钱；塔尔塔利亚也准备了 30 个问题并出同样的钱。根据协定，30 至 40 天以后，谁解出对方的问题多，谁就获胜，并赢得对方的钱。费奥的前 15 个问题是这样的：

(1) 一个数加上它的立方根，和为 6。求这个数。

(2) 有大小二数，其中大数是小数的两倍。大数的平方乘以小数，所得乘积再加上这两个数，和为 40。求该数。

(3) 一个数加上它的立方，和为 5。求该数。

(4) 有大小三数，第二数是第一数的 3 倍，第三数又是第二数的 3 倍。一、三两数相乘，所得乘积加上第二数，和为 7 。求这三个数。

(5) 二人共花钱 900 杜卡托，其中一人所花钱数等于另一人钱数的立方根。两人各花多少？

(6) 二人共挣钱 100 杜卡托，其中一人所挣钱数等于另一人钱数的立方根。两人各挣多少？

(7) 一数加上它的立方根的两倍，和为 13。求这两个数。

(8) 一数加上它的立方根的三倍，和为 15。求这两个数。

(9) 一数加上它的立方根的四倍，和为 17。求这两个数。

(10) 将 14 分成两部分，使其中一部分是另一部分的立方根。

(11) 将 20 分成两部分，使其中一部分是另一部分的立方根。

(12) 珠宝商以 2000 杜卡托出售一钻石和一红宝石，红宝石的价格是钻石价格的立方根。钻石与红宝石价格各多少？

(13) 守财奴放高利贷，年息是本金的立方根。守财奴年末连本代息共收钱 800 杜卡托，问本金多少？

(14) 将 13 分成两部分，使得两部分的乘积等于小部分自乘的平方。求这两部分。

(15) 某人以 500 杜卡托的价格出售一蓝宝石，赢利为成本的立方根。问成本多少？

另外 15 个问题分别是：将 7、12、9、25、26、28、27、29、34、12、100、140、300、810、700 分成两部分，使其中一部分等于另一部分的立方根。

易见，所有这 30 个问题都相当于求解方程

$$x^3 + px = q. \tag{4}$$

塔尔塔利亚在不到两小时内解出了费奥的所有 30 个问题，而面对他所提出的 30 个问题，费奥却一筹莫展，无奈之中，交了白卷。塔尔塔利亚赢得荣誉，但对于费奥的钱他却分文不取。

1536 年 12 月 10 日，科瓦来到威尼斯，向塔尔塔利亚索要他向费奥提出的 30 个问题。塔尔塔利亚说，他并没有留底，不过公证人手头有一份。无论如何，他拒绝给出问题的答案。尽管如此，他还是把自己 30 个问题中的前 4 个告诉给了科瓦：

(1) 一个无理量的平方根加上 40，所得和乘以该无理量，乘积为一给定有理数。求该无理量。

(2) 30 与一个无理量的平方根的差，乘以该无理量，乘积为一给定有理数。求该无理量。

(3) 一个无理量加上它的立方根的 4 倍，和为 13。求该无理量。

(4) 一个无理量减去它的立方根的 3 倍，差为 10。求该无理量。

科瓦立即发现，这四个问题分别相当于求解三次方程 $x^3 + px^2 = q$，$x^3 + q = px^2$，$x^3 + px = q$ 和 $x^3 = px + q$。既然菲奥从费罗那里学习过三次方程解法，又为何上述四个问题一个都没解出来？可见菲奥并没有真正掌握三次方程的解法。塔尔塔利亚的另外 26 个问题不详，但它们都属于几何与代数问题。

为了求出这些问题的解，科瓦冥思苦想，却一无所获。12 月 16 日，他再次来到塔尔塔利亚家，请求塔尔塔利亚的指点。塔尔塔利亚告诉他说，这些发现花费了他许多心思；他觉得，如未能获得荣誉和利益，他有什么义务非要公开这些发现呢？他知道完全隐藏这样的发现是不合理的；等到译完欧几里得《几何原本》后，他会把自己的发现全部发表。为了显示他并不过分看重自己的发现，他向科瓦提出："对于你给我的附有答案的每一个问题，如果我解不出来，那么我会告诉你一个一般公式，以此来换取你的解法。"科瓦接受了这一建议，并立即提出如下两个问题：

(1) 证明：在一个直角三角形中，两直角边之和等于斜边加上内接圆直径。

(2) 在三角形 ABC 中，$AB = 13$，$BC = 14$，$CA = 15$；在高 AD 上取 $DF = 3$；连接 BF 并延长，交 AC 于 E。求 AE 和 CE。

塔尔塔利亚回答说："这两个问题都很容易，如果你给我一个小时的时间，我就能给出解答。此时我提醒你，去年阁下向我提出三个问题，其中一个内容如下：三人各购食品若干斤，共 20 斤；各人所购斤数的平均数等于最小数和最大数的乘积；两个较小数乘积为 8；以你的能力，你是不会解这个问题的，因为它是不可能的。"不过最后塔尔塔利亚还是抵挡不住科氏的恳求与信誓旦旦，把他的第一个问题在有理数为 2888 时（即求解方程 $x^3 + 40x^2 = 2888$）的答案告诉了科瓦：$x = -1 + \sqrt{77}$。

回到布雷西亚后，科瓦对这个答案进行了仔细研究，求得了类似方程的根：方程 $x^3 + 8x^2 = 72$ 的根为

$$x^2 = 14 - \sqrt{52}, \quad x = -1 + \sqrt{13},$$

方程 $x^3 + 72 = 8x^2$ 的根为

$$x^2 = 14 + \sqrt{52}, \quad x = 1 + \sqrt{13}.$$

一般地，方程 $x^3 + px^2 = q$ 的根为

$$x^2 = 2p - 2 - \sqrt{4(2p - 2 - 1)}.$$

科瓦为自己所谓的"发现"而沾沾自喜。1537 年 1 月 8 日，他措辞十分放肆地写信给塔尔塔利亚，称自己拥有这些发现的优先权。事实上，塔尔塔利亚告诉他的那个方程以及他解出来的两个方程只不过是方程 $x^3 + px^2 = q$ 的满足条件 $q = \pm 2p^2 \mp 8p \pm 8$ 的特例而已。因此塔尔塔利亚不屑一答。同年 2 月 17 日，科瓦又写信来烦他，塔尔塔利亚答复说，将不再与他通信，如果他想获得解释，那只好劳驾亲往威尼斯跑一趟。

二、守口如瓶

但塔尔塔利亚并未从此安宁。1539 年初，科瓦离开布雷西亚去了米兰。在那里，他受到了数学家卡尔达诺 (G. Cardano, 1501 — 1576) 的热情接待，卡尔达诺甚至把自己所授的一门课让给了他。

卡尔达诺于 1501 年出生于帕维亚，是个私生子。父亲是位博学的法官。卡尔达诺于 1520 年在帕维亚上大学，1526 年在帕多瓦获医学博士学位，在帕多瓦附近一小镇行医。1531 年结婚，后有二儿一女。1534 年，卡尔达诺在米兰当上了数学教师，同时继续行医，成了当时米兰最著名的医生。

科瓦和卡尔达诺谈话时说起塔尔塔利亚及其发现。卡尔达诺当时正要出版一部名为《实用算术》的数学著作，听了塔尔塔利亚与费奥之间的代数之战后异常兴奋。原来，他信了帕乔利的话，以为三次方程真的无法用代数方法解决，而今塔尔塔利亚竟发现了求解之法，实在出乎他的意料。他很想用这一新的发现来丰富自己的著作，便对三次方程进行了研究，试图找到求解之法，但毫无结果。于是，他委托一位名叫巴萨诺 (Zuan Antonio de Bassano) 的书商，以他的名义请求塔尔塔利亚把方程 $x^3+px=q$ 的解寄给他，并希望他解出以下七个问题：

(1) 将 10 分成四个构成等比数列的部分，其中第一部分为 2 ($2x^3+2x^2+2x+2=10$)。

(2) 将 10 分成四个构成等比数列的部分，其中第二部分为 2 ($2x^3+2x^2+2x+2=10x$)。

(3) 求四个构成等比数列的数，使第一个数为 2，第二与第四个数的和为 10 ($2x^3+2x=10$)。

(4) 求四个构成等比数列的数，使第一个数为 2，第三与第四个数的和为 10 ($2x^3+2x^2=10$)。

(5) 求六个构成等比数列的数，使第二个数为 2，第一与第四个数的和为 10 ($2x^3+2=10x$)。

(6) 将 10 分成三个构成等比数列的部分，使得第一、二两数之乘积为 8 ($x^4+8x^2+64=10x^3$)。

(7) 一个数的平方根加上 3 所得和与这个数的乘积为 21，求该数 ($x^3+3x^2=21$)。

卡尔达诺许诺：他将在他的著作中以塔尔塔利亚的名字来为方程 (1) 的解法命名，或者，如果塔尔塔利亚愿意的话，他也可以为该解法保密。

书商为了支持卡尔达诺的这一要求，在信中突出了卡尔达诺在医学和几何学上的地位，称他在米兰讲授欧几里得的《几何原本》，有很高荣誉，还因此得到瓦斯托 (del Vasto) 侯爵的嘉奖；目前正准备出版一部实用算术与代数的佳作。塔尔塔利亚答复说，他自己也计划写一部代数著作，他宁愿在自己的著作中，而不愿在别人的著作中发表他的发现。他说他不打算给出他的 30 个问题的答案，因为它们有助于像卡尔达诺这样的博学者发现一般解法；至于卡尔达诺所提 7 个问题，它们显然是目前正在米兰的科瓦授意的，其中最后两个就是科瓦一年前寄给他的问题。塔尔塔利亚还说，在米兰不可能有人会解这些问题，因为那里的人甚至不知道方程 $x^3+px=q$，而这 7 个问题所涉及的方程还要复杂得多。他把费奥的 30 个问题给了书商，并让他去公证人那里向费奥的亲信们请教。

卡尔达诺讨了个没趣，气坏了。他于 1539 年 2 月 12 日给塔尔塔利亚写了一封信，信中充满了怨恨和愤怒。他谴责塔尔塔利亚和科瓦一样傲慢无礼，自命不凡；说他的水平并未到达山巅，只是在山脚、在山谷，等等。信中还说，他觉得很奇怪，塔尔塔利亚怎么会把 7 个问题说成是科瓦的，好像在米兰没人知道这类问题似的；他卡尔达诺早在科瓦学会数到 10 之前就知道这些问题了。卡尔达诺还无中生有地说，塔尔塔利亚误认为费奥的 30 个问题归结为求解方程 $x^3 + x = q$ 而非 $x^3 + px = q$，因而贻笑大方；塔尔塔利亚告诉书商，7 个问题中有一个已解决，这完全歪曲了事实，等等。实际上塔尔塔利亚并未对书商说过类似的话。这要么是卡尔达诺故意找借口指责塔尔塔利亚，要么书商没有弄明白塔尔塔利亚的话。在信的末尾，卡尔达诺向塔尔塔利亚提出两个新问题：

- 将 10 分成四个构成等比数列的部分，使得它们的平方和为 60。
- 二人结伙，每人挣得其财产的十分之一的立方。

他声称，已把答案装在信封里，如果塔尔塔利亚不会解，会有人把答案交给他，只要他给出 7 个问题的其中一个解法。

但塔尔塔利亚没有上当。他直截了当地对卡尔达诺说：既然他问第一个问题的解法，这就说明他哪个问题都不会解。塔尔塔利亚给出卡尔达诺的新问题中前一个的答案；但后一个问题需要求解三次方程，他不愿给出答案。

然而，塔尔塔利亚对卡尔达诺显得比对科瓦慷慨多了。他把向费奥提出的 30 个问题中的前 8 个告诉给了卡尔达诺。除了上面介绍的 4 个，另外 4 个如下：

(1) 将已知线段分割成可作直角三角形的三段。

(2) 将一正四棱台分割为体积相等的三部分。

(3) 用几何方法作一个已知不等边三角形的内接正方形。

(4) 一木桶装满纯酒；每天取出两小桶，又倒入两小桶的水；六天以后，木桶中酒和水各占一半。问木桶的容积为多少?

三、泄露天机

卡尔达诺看到，不论是侮辱或借口，都不管用，于是他改变了策略，转而玩起恭维和谎言的诡计来。在写于 1539 年 3 月 19 日一封信中，卡尔达诺以“我敬爱的尼古拉阁下”的称呼开始。卡尔达诺信中说，他不该从坏的方面去理解塔尔塔利亚的评论意见。他把一切都推到科瓦身上，说科瓦到米兰后，在他面前说了许多有辱塔尔塔利亚人格的坏话。他还抱怨科瓦忘恩负义，不辞而别，抛下自己为他谋得的六十个学生不管。在信的最后，他邀请塔尔塔利亚尽早去米兰，并谎称：他已经以塔尔塔利亚的名义向瓦斯托侯爵（当时米兰一位文艺事业的十分慷慨的资助者）递交了两份关于他的发现的文书，瓦斯托看了文书后很想见他。塔尔塔利亚见信后，先是犹豫了一阵子，最后他还是去了米兰，并在卡尔达诺家住下。以下是他们在 1539 年 3 月 29 日的谈话内容：

卡尔达诺： 我很高兴，你赶在侯爵先生去维杰瓦诺的时候来，这样，我们就可以谈论所有我们的事情，直到他回来。在我如此恳切地请求你告诉我你所发现的方程 $x^3+px=q$ 的解法时，你显得实在太缺乏好意了。你很不愿意告诉我。

塔尔塔利亚： 我想对你说的是，我充当了吝啬鬼的角色，丝毫不是因为这个简单方程的解法，而是因为它所能让人发现的东西；因为这是一把开启无限多其他方程求解秘密的钥匙。如果我不是一直忙于《几何原本》的翻译工作的话（我已译至第 13 卷），我就已经发现了求解其他许多方程的一般方法。一旦译事告竣，我就会着手写一部含有新代数方法的实用著作，书中我不仅要发表关于这些方程的新发现，还要发表其他许多我期望发现的东西。我甚至还想说明这些发现的方法，我想这是很有用、很好的事情。我之所以拒绝与人交流，实乃因为目前我没有任何时间（我已说过，我正忙于翻译《几何原本》）。如果我把它教给某个富于思辨性的人（如阁下这样），他就能够很容易地发现其他方程，并将其作为自己的发现发表出来。这就完全弄糟了我的事。这就是我不得不对阁下如此不恭的原因，更何况您正要出版一部题材相似的著作，还写信给我说想在这部著作中以我的名义增入我的发现。

卡尔达诺： 但我也向您保证过，如果您不愿意，我将为这事保密。

塔尔塔利亚： 至于这个，我是不可能相信您的。

卡尔达诺： 我凭上帝的神圣福音并作为一个真正的有荣誉的人向您发誓：如果你把您的发现教给我，我不仅永不将其发表，而且还会将它们写成密码，以便在我死后无人能理解他们。现在愿不愿意信我，就随您的便好了。

塔尔塔利亚： 如果我不相信这样的誓言，那我当然就会博得不义之名了。但我已决定去维杰瓦诺找侯爵先生，因为我来这里已三天，已等得不耐烦了。在我回来时我会把一切都告诉你。

卡尔达诺： 既然您要去看侯爵先生，我就给您写一封介绍信，以便他知道您是谁。但在您走以前，我希望您能告诉我您向我承诺过的解法。

塔尔塔利亚： 可以。但须知，为了时时都能想起我的运算步骤，我把它们编成了诗歌；如果不采取这样的预防措施，我会把它们给忘掉的。尽管诗句不是很佳，但于我并无多大关系，只要每次需要的时候，它们能帮助我想起解法就足够了。我写一份给您，尽管您很想让我把我的发现原原本本告诉给您。

一

立方共诸物，其和定在先，
此物有几何？双数破难关。

二

相减如定和，互乘有巧算，
物数一分三，立方记心间。

三

差积在手头，双数已了然，
复求立方根，相减是答案。

四

诸物加定数，立方独一边，
请君莫急躁，听我道箴言。

五

定和拆双数，物数一分三，
双数相乘时，立方定如前。

六

既知和与积，双数囊中探，
相并立方根，彼物赫然见。

七

立方加定数，诸物列成单，
定数化为负，方法全照搬。

八

一五三四年，水城勤钻研，
诸物为我求，基础牢且坚。

我已介绍得很清楚了，不用再举什么例子了。我相信阁下会全部明白其中的意思的。

卡尔达诺：到现在我差不多能明白了；等你回来后，我会让你看看我理解得对不对。

塔尔塔利亚：阁下切勿背信弃义！如果不幸您失信于我，将它发表在您的著作中，甚至不写上我的名字，称我为发现者，那么我向您发誓：我会立即发表一些让您觉得不舒适的东西。

卡尔达诺：你不必怀疑我会不守诺言。放放心心去吧，代我把此信交给侯爵先生。

塔尔塔利亚：沾您的光了。

卡尔达诺：祝您一路顺风。

然而，离开卡尔达诺后，塔尔塔利亚突然改变主意，不去维杰瓦诺了，而直接回了威尼斯。

四、解读隐诗

塔尔塔利亚的诗歌只是为了便于他自己的记忆而编写的，在别人读来，当然不易理解。如用现代代数语言来表达，诗的前三节是说：在求解方程 (4) 时，先求出另两个数 t、u，使得

$$t-u=q,\quad tu=\left(\frac{p}{3}\right)^3,$$

则方程的根为 $x=\sqrt[3]{t}-\sqrt[3]{u}$。从中解得：

$$t=\frac{q}{2}+\sqrt{\left(\frac{q}{2}\right)^2+\left(\frac{p}{3}\right)^3},\quad u=-\frac{q}{2}+\sqrt{\left(\frac{q}{2}\right)^2+\left(\frac{p}{3}\right)^3},$$

于是，方程 (4) 的求根公式为

$$x=\sqrt[3]{\frac{q}{2}+\sqrt{\left(\frac{q}{2}\right)^2+\left(\frac{p}{3}\right)^3}}-\sqrt[3]{-\frac{q}{2}+\sqrt{\left(\frac{q}{2}\right)^2+\left(\frac{p}{3}\right)^3}}. \tag{5}$$

第四、五、六三段是说，在求解方程 (2) 时，先求出另两个数 t、u，使得

$$t+u=q,\quad tu=\left(\frac{p}{3}\right)^3,$$

则方程的根为 $x=\sqrt[3]{t}+\sqrt[3]{u}$。从中解得

$$t=\frac{q}{2}+\sqrt{\left(\frac{q}{2}\right)^2-\left(\frac{p}{3}\right)^3},\quad u=\frac{q}{2}-\sqrt{\left(\frac{q}{2}\right)^2-\left(\frac{p}{3}\right)^3},$$

则得方程 (2) 的求根公式为

$$x=\sqrt[3]{\frac{q}{2}+\sqrt{\left(\frac{q}{2}\right)^2-\left(\frac{p}{3}\right)^3}}+\sqrt[3]{\frac{q}{2}-\sqrt{\left(\frac{q}{2}\right)^2-\left(\frac{p}{3}\right)^3}}. \tag{6}$$

第七段是说，若在方程 (2) 的求根公式 (6) 中，以 $-q$ 代替 q，即得方程 $x^3+q=px$ 的解。最后一段说的是，上述诸三次方程的解法是塔尔塔利亚于 1534 年在水城威尼斯研究发现的。

4 月 9 日，卡尔达诺写信给塔尔塔利亚，信中对塔尔塔利亚未去见侯爵大人感到很惊讶，说侯爵于周六就返回米兰了。他告诉塔尔塔利亚，他的书稿已经收尾，下一周即可出版。在信的最后，卡尔达诺才言归正传，把自己对塔尔塔利亚诗歌的理解讲了一遍，称："我高估了自己的能力，我没能完全弄懂您的方法，望惠赐方程 $x^3+3x=10$ 的解法。"

塔尔塔利亚于 4 月 23 日回信说，他之所以未去见侯爵大人，是因为去米兰前答应过他的朋友，周六一定赶回威尼斯。至于他的诗歌，塔尔塔利亚指出，卡尔达诺把第二节的意思理解错了："物数一分三，立方记心间"说的是 $tu=\left(\frac{p}{3}\right)^3$，而卡尔达诺将其理解为 $tu=\frac{p^3}{3}$。他给出方程 $x^3+3x=10$ 的解：因 $t=\sqrt{26}+5$，$u=\sqrt{26}-5$，故得

$$x=\sqrt[3]{5+\sqrt{26}}-\sqrt[3]{5-\sqrt{26}}.$$

他还给出方程 $x^3+x=11$ 的解。

5 月 12 日，卡尔达诺把他的第一部代数著作寄给了塔尔塔利亚，并请求塔尔塔利亚不要广为传布，以免书商的利益受损。他再次承诺，不发表塔尔塔利亚的发现。然而，到了 7 月 10 日，塔尔塔利亚的一个住在贝加莫的弟子帕维西亚尼 (Maphio Paviciani) 写信告诉老师，他的一位米兰朋友告诉他，卡尔达诺已经出版了他的第二部代数著作，书中论述了一些新方程，这些新方程很可能就是塔尔塔利亚的。7 月 19 日，塔尔塔利亚回信说，这些新方程不可能不是他的，他极为生气。他感慨地说："谚语说的一点不假，若要人不知，除非己莫言！"

8 月 4 日，卡尔达诺又写信给塔尔塔利亚，抱怨塔尔塔利亚不回答他的许多问题，说他已经弄懂塔尔塔利亚诗歌中的方法，但是，当物数三分之一的立方比已知数一半的平方大（即 $\left(\frac{p}{3}\right)^3>\left(\frac{q}{2}\right)^2$）时，他就束手无策了。他向塔尔塔利亚请教方程 $x^3=9x+10$ 的解法。

塔尔塔利亚被这个问题难住了。因为在这种情况下，运用公式 (6) 时出现了负数的平方根。这可是从古希腊的丢番图以来直到近世的帕乔利，数学家们一直认为没有解的情形。但塔尔塔利亚又不愿意在卡尔达诺面前承认自己无能为力。加之心中有气，他于 8 月 7 日回了一封很无礼的信。他试图让卡尔达诺相信，是他运用诗歌中的方法不当，才出现这种问题的。

在 10 月 18 日的回信中，卡尔达诺写道，难道是塔尔塔利亚因为连续不断搞研究而发了疯？他确信自己完全搞懂了隐诗中的解法，他愿意打赌：他已经会解方程 $x^3=12x+20$。塔尔塔利亚不想再做答复。

1540 年 1 月 5 日，卡尔达诺写信给塔尔塔利亚，告诉他有关科瓦的近况：一、科瓦自称在米兰逗留期间，与费奥进行了讨论，并掌握了方程 (1) 和 (2)

的解法，还求得

$$\sqrt[3]{10+\sqrt{108}}=\sqrt{3}+1,\quad \sqrt[3]{10-\sqrt{108}}=\sqrt{3}-1.$$

二、科瓦已会解卡尔达诺曾经提出的问题：将 10 分成三个构成等比数列的数，使得第一、二两数之乘积为 8。如果卡尔达诺把自己的一门算术课程让给科瓦，科瓦就会把解法教给他。科瓦还会解另一个问题：求三个构成等比数列的数，使得一、三两数之和为 10，一、二两数之积为 7。三、科瓦会证明如下命题：在所有等周图形中，圆的面积最大，证法是博洛尼亚一位名叫菲勒尼的人教给他的。四、科瓦还提出如下几何问题：已知矩形 $ABGC$ 及其中心 D，分别在 AB 和 AC 的延长线上求一点 F、E，使得三点 E、F、G 共线，且 $DE=DF$。如果取 $AB=2$，$BC=3$，问 DE 是多少。

塔尔塔利亚认为卡尔达诺很迟钝，受了科瓦的欺骗，还不知道。他对卡尔达诺与对科瓦一样没有好感。从此，便与卡尔达诺断绝了通信往来。可悲的是，塔尔塔利亚只知卡尔达诺是受骗者，而不知自己也是受骗者：卡尔达诺搬出科瓦来只是为自己违背誓言找个借口而已。

五、背信弃义

对于三次方程的解法，塔尔塔利亚甚至在自己所爱的学生面前也守口如瓶。他的弟子、英国人文多尔斯 (Ricardo Ventuorthe) 曾向老师请教，塔尔塔利亚告诉文多尔斯，一旦他译完欧几里得和阿基米德的著作，他就出版一部题献给他的著作，书中他会详论所有解法。这位弟子同意等待，但还是问了一些例子。塔尔塔利亚告诉他如下方程及其解：

(1) $x^3+6x^2=100$, $x=\sqrt[3]{42+\sqrt{1700}}+\sqrt[3]{42-\sqrt{1700}}$;

(2) $x^3+9x^2=100$, $x=-2+\sqrt{24}$;

(3) $x^3+3x^2=2$, $x=-1+\sqrt{3}$;

(4) $x^3+7x^2=50$, $x=-1+\sqrt{11}$.

文多尔斯又问他形如方程 (3) 的例子，塔尔塔利亚给出方程 $x^3+4=5x^2$ 和 $x^3+6=7x^2$，其根分别为 $x=2+\sqrt{8}$ 和 $x=3+\sqrt{15}$。

文多尔斯很满意，以为根据这些答案，自己也能够找到解法。塔尔塔利亚奉劝他不必徒劳，因为仅仅通过试验手段是不可能找到一般解法的。他劝文多尔斯耐心等着他的著作的出版，还告诉文多尔斯说，在他的著作中将看到，所有三次方程的求解都可化为以下三种形式：

$$x^3+px=q,\quad x^3+q=px,\quad x^3=px+q.$$

但塔尔塔利亚忙于《几何原本》的翻译和阿基米德著作的校勘工作，一时无暇整理出版这部计划中的著作。卡尔达诺却在他的弟子费拉里 (L. Ferrari, 1522—1565) 的帮助下，马不停蹄地进行研究，推广了塔尔塔利亚的方法，还找到了四次方程的解法。1842 年，卡尔达诺偶尔听说在塔尔塔利亚以前费罗早已解决了三次方程，他将信将疑，于是在费拉里的陪同下，亲往博洛尼亚大学核实。在那里，费罗的学生、女婿、教职继承者内佛 (Annibale dalla Nave) 向他们出示了费罗的未出版的数学手稿。在手稿中他们果然见到了三次方程的解法。从此，卡尔达诺认为已没有必要恪守诺言。他把三次方程的解法写进《大术》一书，于 1545 年出版。他背弃了自己的誓言，本应编成密码使得他死后无人看懂的解法现在通过《大术》数以千计的印册泄露给了全世界。卡尔达诺不仅背信弃义，而且对塔尔塔利亚也做得完全不公正。虽然他在书中写明，三次方程的方程解法是费罗和卡尔达诺的发现，但却说：他只从塔尔塔利亚那里获得方程 $x^3 + px = q$ 的解法；而根据塔尔塔利亚的隐诗，显然他还获得了另外两类方程的解法。

塔尔塔利亚义愤填膺！他于翌年出版了《各种问题与发明》，书中他详细叙述了自己发现三次方程解法的背景，以及卡尔达诺发伪誓从他那里谋得该解法的整个过程。书中不乏对卡尔达诺的指责。塔尔塔利亚还致信卡尔达诺，对他进行恶语攻击。然而，塔尔塔利亚的书函激怒了卡尔达诺的忠实而好斗的弟子费拉里。于是，又一场数学之战开始了。

六、米兰之战

费拉里是博洛尼亚人，幼年丧父，由叔父抚养长大。14 岁时叔父送他到米兰，在卡尔达诺家当佣人。和塔尔塔利亚一样，费拉里没有受过什么正规的学校教育，但因天资聪颖，卡尔达诺十分喜爱他，于是教他拉丁文、希腊文和数学，还雇他做抄写员。1540 年，费拉里成了米兰的一名数学教师，曾在一次公开的数学竞赛中击败科瓦。

1547 年，费拉里在两份出版的公报中，向塔尔塔利亚提出挑战。塔尔塔利亚于 4 月 21 日寄给他 31 个问题，期限 15 天，并称过期无效。塔尔塔利亚在信中谴责卡尔达诺背信弃义，还说费拉里的挑战是受卡尔达诺指使的。此后两个月费拉里杳无音信。两个月后他才给塔尔塔利亚寄去了 31 个问题，而没有给出塔尔塔利亚的任何一个问题的解答；而且超过了最后期限 45 天。费拉里为卡尔达诺辩解说：三次方程的解法在塔尔塔利亚之前早已为费罗和费奥所知，卡尔达诺在《大术》中提到塔尔塔利亚的名字已经够宽宏大量的了。费拉里也矢口否认他是代表卡尔达诺给塔尔塔利亚写信的。后来塔尔塔利亚自称收到费拉里来信的当天就解出了他的 10 个问题，第二天又解出了若干题；第三天则解出了其余所有问题。为了不超出 5 天的间隔，塔尔塔利亚赶紧将其中的 26 个与三次方程无关的问题的解付梓并寄往米兰，而留着另外 5 个须以三次方程求解的问题的解。为了掩盖解答塔尔塔利亚问题（至少是其中的某些问题）的迟缓，费拉里向塔尔塔利亚谈起其他不着边际的话题；直到 7 个月后，费拉里才给塔尔塔利亚寄去一份他的 31 个问题的解答，并批评了塔尔塔利亚的解。费拉里夸口说已解出了塔尔塔利亚的所有问题。塔尔塔利亚回信称：即便这是真的，他的这些解答也因超过规定期限太久而没有任何价值；而且，他发现这些解答绝大部分是错误的。为了公开宣布这些错误，塔尔塔利亚来到故乡布雷西亚，向费拉里寄去了一份公开出版的挑战书。书中塔尔塔利亚约请他于第二个礼拜五，即 1548 年 8 月 10 日上午 10 时来到米兰的一座教堂，就他对费拉里解答的反驳进行公开答辩。卡尔达诺显然不愿见到塔尔塔利亚，于是借故突然离开了米兰（当时卡尔达诺已是帕维亚大学的医学教授）。在约定的那天，费拉里在包括米兰总督费兰特 (Ferrante Gonzaga, 1507—1557) 在内的一大群朋友及别的许多人的陪同下来到教堂。而塔尔塔利亚只带了他的一位兄弟。当着所有在场者的面，塔尔塔利亚先做了自我介绍，并简要说明了要讨论的主题，以及他来米兰的原因。当塔尔塔利亚正要切入正题时，听众的谈话和手势打断了他两个小时。他们借口应该在现场听众中选出若干裁判，而听众都是费拉里的朋友，塔尔塔利亚一个都不认识。因此他不赞成这个建议，认为这是个诡计。他说："我认为所有听众都是裁判，正如我的驳词出版时的所有那些读者一样。"但他们还是推举费兰特总督为裁判。最后，听众让塔尔塔利亚继续说下去。为了不惹恼听众，他并未从关于数和几何学的枯燥乏味的话题开始讲，而是从在他看来便于反驳托勒密《地理学》第 24 章的一个问题的解的话题开始。塔尔塔利亚迫使费拉里公开承认了他的错误。他还想继续讲下去，但所有人都在台下起哄，要求他马上讲他在三天之内获得的卡尔达诺和费拉里的 31 个问题的解法。塔尔塔利亚提出反对意见说，应先把他的有关驳词内容讲完，然后再谈他们所要求的内容不迟。但塔尔塔利亚无论辩论也好，抱怨也好，他们一概不听，最后干脆不让他讲下去，而让费拉里讲话。费拉里一开头就说：塔尔塔利亚未能解决他的第四个问题。他在这一点上大加发挥，一直讲到晚饭时间，听众才离开教堂，各自散去。

塔尔塔利亚立即离开了米兰，由于担心发生暴力，他是绕远路回到了布雷西亚的。虽然塔尔塔利亚在这场数学竞赛中本应是胜利者，但由于他的突然离去，使得费拉里在缺乏公正裁判的情况下反而被宣布为赢家，因而名声大噪，费兰特总督之兄、红衣大主教埃尔哥勒 (Ercole Gonzaga, 1505—1563) 为他提供了一个职位。而塔尔塔利亚晚境凄凉，1557 年在贫穷、孤独中死去。

七、千古遗恨

虽然卡尔达诺背信弃义，得千秋骂名，但塔尔塔利亚本人也并非无可指责。他的可以追溯到 1530 年的发现直到 1556 年仍没有被公开发表。他把自己的发现尘封二十余年，为的只是要将其发表于他筹划已久的巨著《数量通论》(*General Trattato di numeri et misure*) 中。结果,《数量通论》后来终于出版了，而他一生中最得意的发现却在书中付之阙如。《数量通论》共分六编。1557 年他去世的时候,《通论》第五编正在出版之中。第六编专论代数，本应包括三次方程的解法，但塔尔塔利亚却来不及构思这最精彩的一编！书商特拉加诺 (Curtio Trajano) 在威尼斯出版了此书前五编后，委托一位博学的数学家去收集、整理塔尔塔利亚的所有遗稿，以继续出版第六编。然而，这最后一编只出版了第一卷便没了下文。该卷只包含一些代数运算方法，而只字未见三次方程的内容。是因为书商拒绝出钱出版其余部分，还是因为这位数学家未能顺利完成他的工作？我们不得而知。无论如何，有一点是肯定的：如果不是卡尔达诺背弃誓言，那么为了解三次方程（因而还有四次方程），世人不知还要在黑暗中摸索多长时间。一个数学家是不该以任何借口推迟发表他的发现的。数学发现不是体育比赛，你今年没拿这项冠军，或许明年还可再争取。中国有句古话说得好："四海各有圣人出焉，此心同也，此理同也。"在北方有人发现的东西，在南方也会有人发现，而优先权往往只属于第一个发表的人；就算你证明了早在二十年前你就有同样的思想，你的权利也是过时的。

虽然 16 世纪意大利数学家之间的数学竞赛最终染上了悲剧的色彩，但是，我们不能否认，正是这些竞赛催生了 16 世纪最重要的数学成就之一——三次方程的求根公式。

参考文献

[1] Cossali, P. Notice historique sur la resolution de l'équation du troisième degré. *Bulletin de Bibliographie, d'Histoire et de Biographie Mathematiques*, 1855, **1**: 165–196.

[2] Jayawardene, S. A. Ludovico Ferrari. In C.C. Gillispie (Ed.), *Dictionary of Scientific Biography*, Vol.4. New York: Charles Scribner's Sons, 1980. 586–588.

[3] Masotti, A. Scipione Ferro. In C.C. Gillispie (Ed.), *Dictionary of Scientific Biography*, Vol.4. New York: Charles Scribner's Sons, 1980. 595–597.

[4] Gliozzi, M. Girolamo Cardano. In C.C. Gillispie (Ed.), *Dictionary of Scientific Biography*, Vol.3. New York: Charles Scribner's Sons, 1980. 64–67.

[5] Masotti, A. Niccolo Tartaglia. In C.C. Gillispie (Ed.), *Dictionary of Scientific Biography*, Vol.13. New York: Charles Scribner's Sons, 1980. 258–262.

17 世纪赌金分配的解题竞争与概率论的诞生

王善平

王善平，1990 年华东师范大学数学系现代数学史方向硕士研究生毕业，师从张奠宙。现任《华东师范大学学报》编辑部编审。已发表数学史、图书馆学、信息科学技术方面的论著 30 余篇/部。

引言

人们往往把近代以来数学的蓬勃发展归因于数学的广泛应用性以及数学内部抽象结构之美妙。但在深入了解数学史之后，你就会发现，至少在 16、17 世纪，数学家曾经热衷于解题竞争，以享受在智力上战胜同行对手的极大满足，并赢得朝野上下的赞赏和景仰；这种解题竞争对数学发展也起到了重要的推动作用。

例如，16 世纪意大利数学家塔尔塔利亚 (N. Tartaglia, 1499—1557)、卡尔达诺 (G. Cardano, 1501—1576) 和费拉里 (L. Ferrari, 1522—1565) 等，为求解三次和四次代数方程展开激烈竞争；这场竞争使人们发现了复数，并刺激数学家去寻找更高次方程的根式解，最后导致 19 世纪数学家阿贝尔和伽罗瓦的开创现代代数学的工作。

17 世纪法国数学家费马 (Pierre de Fermat, 1601—1665)，生前未发表任何数学论著，他将自己研究各种方程整数解的心得秘藏于胸，然后不断地向国内外同行发出解题挑战。他的做法催生了“数论”这门经典数学学科，也引起后人关于他究竟有没有真的证明了他所提出的那些数论命题（包括著名的“费马大定理”）的猜测。

费马在向别人提出解题挑战的同时，当然也要接受别人的挑战。在 1654 年，费马收到一位年轻后辈的来信，向他提出了赌金分配的问题。这位后辈的名字叫帕斯卡。

帕斯卡与他的赌徒朋友德 · 梅雷骑士

布莱什 • 帕斯卡（图片来源：维基百科）

布莱什 · 帕斯卡 (Blaise Pascal, 1623—1662) 是近代史上有重要地位的法国数学家、物理学家和哲学家。他 16 岁就写出论文《论圆锥曲线》(Essai Pour les coniques)，其中证明了有名的“帕斯卡六边形定理”——圆锥曲线中内嵌六边形的三对边的交点处在同一直线上——得到当时的数学名家笛卡儿 (Rene Descartes, 1596—1650) 和德萨格 (Girard Desargues, 1591—1661) 的赞赏；19 岁时造出世界上第一台机械计算器；30 岁时发现了关于静止液体在受压条件下的压强性质——后被称为帕斯卡定律：为了纪念他的这个重要贡献，国际标准化组织 (ISO) 将压强的标准单位定义为“帕斯卡”，即 1 帕（斯卡）= 1 牛顿/平方米。帕斯卡关于摆线的分析研究则启发莱布尼茨 (Gottfried Leibniz, 1646—1716) 发明了微积分。

大约在 1652 年，帕斯卡结识了“德 · 梅雷骑士”(Antoine Gombaud, Chevalier de Méré, 1607—1684)，一个在法国宫廷及上流社会中颇有名声的小贵族。德 · 梅雷骑士受过良好的传统教育，当过兵；他精通礼仪，擅长社交，曾写过几本指导礼仪和社交的很有影响的书，因而也被人们当作是作家；他最得意的一件事，是帮助曼特农夫人 (Madame de Maintenon) 赢得法国国王路易十四的恩宠。另一方面，德 · 梅雷骑士是一个聪明又自负的人，喜欢钻研事物，形成独立见解；却对数学家抱有偏见，认为他们是只知道数字和图形的乏味的人。然而，他与数学家帕斯卡交上了朋友。因为他发现，帕斯卡并不那么乏味。他曾回忆如何与帕斯卡认识 [1]：

> “我有一次与罗安奈公爵 (the duke of Roannez) 一起出游，他言词准确而得体，是个好旅伴。同行中还有讨人喜欢的米顿 (Mitton) 先生 …… 公爵对数学很感兴趣，为了在旅途中解闷，他又邀请了另一个人——那人当时还不怎么有名，但后来当然人们都在谈论他；他是一个伟大的数学家——除了数学，他什么都不懂。数学这门学科并不是社交的好话题，缺乏情感和爱好的他，却不由自主地参与了我们所有的谈话；他总能讲出让我们惊讶的话并不停地引我们大笑。”

德·梅雷还提到：帕斯卡随身带着纸条，他时不时地拿出纸条，记下所见所闻。几天之后，帕斯卡已经与旅伴们打成一片。

德·梅雷开始与帕斯卡交往，他在帮助后者了解和适应世俗世界方面有很大的影响。

德·梅雷精于赌博。也许是想考考帕斯卡，他向后者提出了几个有关赌金分配的问题。帕斯卡被这些问题深深吸引，并经过努力思考找到了答案。

按照当时流行的做法，帕斯卡要寻找一位有相当声望的数学家，向其挑战解决同样的问题——也是为了验证自己的解题思路是否正确——于是想到他父亲的朋友：皮埃尔·德·费马。

费马的第一封回信

帕斯卡写给费马的第一封信并没有保存下来，所以人们不知道写信的具体日期以及信中的内容。但根据费马的回信可以推测，帕斯卡提出了这样的问题：

赌金分配问题 I 设有一位赌徒获得掷一粒骰子 8 次的机会，只要其中有一次掷出 6 点，他就可以拿走全部赌金。请问他各次掷骰子机会的价值多少？比如说，(1) 如果参赌双方约定，让他放弃第 4 次掷骰子的机会，那么按照公平的原则，他应该为此分得多少赌金？(2) 如果他前 3 次都没有掷出 6 点，再让他放弃第 4 次掷骰子的机会，那他应该为此分得多少赌金？

费马的回信要点是 [2, p1]：

如果我获得掷一粒骰子 8 次的机会，然后双方约定我放弃第 1 次掷骰子的机会，那么按照公平的原则，我应该分得全部赌金的 1/6（因为按照常识，每次掷骰子出现 1 至 6 各点的可能性是相等的）；如果继续放弃第 2 次机会，就应该再分得剩下赌金的 1/6，即 5/36；如果继续放弃第 3 次机会，就再分得剩下赌金的 1/6，即 25/216；如果继续放弃第 4 次机会，则再分得全部赌金的 125/1296。

皮埃尔·德·费马（图片来源：维基百科）

所以，费马认为第 4 次掷骰子的价值是全部赌金的 125/1296。但他进一步指出，

如果我前 3 次都没有掷出 6 点，而被

要求放弃第 4 次投掷的机会；因为这时全部赌金都在，所以我应为此分得其中的 1/6。如果我前 4 次都没有掷出 6 点，而被要求放弃第 5 次投掷的机会，则我也应为此分得全部赌金的 1/6。

帕斯卡在 1654 年 7 月 29 日给费马的回信

帕斯卡收到费马的回信后，既高兴又兴奋，第二天就回复了一封长信，其中较详细地阐述了自己解决赌金分配问题的思路。这封重要的信后来被认为是古典概率论的肇始！信的开头是，

先生：

昨晚收到了您的关于赌金分配问题的信。虽然仍卧病在床，但我同您一样急不可待，要马上写信告诉您：我对您的钦佩难以言表！…… 总之，您区分了两种公平处理赌金分配的问题。我对此感到非常满意，因为我发现我的思路与您完全一致，所以我不用再怀疑自己了 ……

我知道其他几个人对赌金分配问题的解答，其中包括德 · 梅雷骑士——是他把这个问题告诉我的——他也没有能给出正确的分配比例而且也不知道其推导方法；所以，我发现自己是（您）之前唯一知道这个分配比例的人。

您的解题方法完全正确，这也是我在刚开始研究这些问题时所想到的方法。但它涉及太多的组合计算，使用麻烦；所以我又找到一个快捷而清晰的简便方法，我会在此简单介绍它；我之所以愿意对您敞开心扉，是因为我非常高兴地看到我们的想法是一致的。我急切地想知道，这一次我们是否仍然保持一致。

帕斯卡要向费马介绍的，是如何解决两人赌局中各种局面下的赌金分配问题（他称之为“价值”问题），它可以被表述为：当赌局在一种局面下因故终止，那么按照公平的原则，两个赌徒应该按怎样的比例来分赌金（或等价地，其中一位赌徒应该拿到多少赌金）? 帕斯卡先给出以下一个具体的例子[1]：

赌金分配问题 II 两个赌徒（不妨设为甲和乙）各拿出 32 元钱作为赌金，并约定每盘以掷骰子定输赢，先赢 3 盘者拿走全部 64 元赌金；假设双方每盘获胜的机会相等。那么，如何求出（对于其中一个赌徒而言）各种局面的价值? 比如说，赌徒甲先赢 3 盘获得全部 64 元赌金，那么他在这 3 盘中分别赢了多少钱?

帕斯卡开始一步一步地分析：

---

[1] 为便于阅读，下面给出的问题及相应的解题分析并没有完全按照帕斯卡在信中的表述；特别是，补上了原信中省略的一些条件。

当甲以 2 比 1 的局面领先时，下一盘投掷如赢了则以 3 比 1 获得全部 64 元赌金，如输了则以 2 比 2 打平——这时如终止赌局则双方应平分赌金。于是，如果下一盘赌局因故终止，则甲可以说："下一盘我即使输了也能拿到 32 元；至于剩下的 32 元，有可能归我也有可能归你，双方机会相等；所以，让我们平分这 32 元，另外 32 元则应全部归我。"这样，按照公平的原则，对于甲来说，局面 2 比 1 的价值应为

$$32 + \frac{64 - 32}{2} = 48\ (\text{元});$$

而对于乙来说，这个局面的价值为 $64 - 48 = 16$ 元。

当甲以 2 比 0 的局面领先时，下一盘如赢了则以 3 比 0 获得全部 64 元赌金；如输了则形成 2 比 1 的局面，根据以上分析知其价值为 48 元；于是，按照同样的道理，对于甲来说，局面 2 比 0 的价值应为

$$48 + \frac{64 - 48}{2} = 56\ (\text{元});$$

而对于乙来说，这个局面的价值是 $64 - 56 = 8$ 元。

当甲以 1 比 0 领先时，下一盘如赢则形成 2 比 0 的局面，其价值 56 元；如输则成为 1 比 1，其价值显然是 32 元；所以，对于甲来说，局面 1 比 0 的价值应为

$$32 + \frac{56 - 32}{2} = 44\ (\text{元});$$

对于乙来说，这个局面的价值则为 $64 - 44 = 20$ 元。

于是，如果甲以 3 比 0 赢得全部赌金，那么由于 3 比 0，2 比 0，1 比 0 和 0 比 0 局面的价值分别为 64 元，56 元，44 元和 32 元，把它们依次相减，就得到：他第 1 盘赢了对手 12 元，第 2 盘也赢了 12 元，最后一盘则赢了 8 元。

帕斯卡接着把这个先赢 3 盘获胜的赌局推广到先赢 n 盘获胜的一般情况，并给出几个结果。他希望费马能证明或否证它们。

帕斯卡首先断言：

先赢 2 盘获胜赌局中（胜者所赢的）最后一盘的价值是先赢 3 盘获胜赌局中最后一盘价值的两倍，是先赢 4 盘获胜赌局中最后一盘价值的四倍，以及先赢 5 盘获胜赌局中最后一盘价值的八倍，如此等等。

例如，在赌金是 64 元的情况下，因为已知（对胜者来说）在先赢 3 盘获胜的赌局中，其赢的最后一盘的价值是 8 元（见前面的讨论）；所以按照帕斯卡的断言，在先赢 2 盘获胜的赌局中，其最后一盘的价值（即 2 比 0 获胜局面的价值减去 1 比 0 局面的）为 16 元；在连赢 4 盘获胜的赌局中，其最后

一盘的价值（即 4 比 0 获胜局面的价值减去 3 比 0 局面的）为 4 元；在连赢 5 盘获胜的赌局中，其最后一盘的价值（即 5 比 0 获胜局面的价值减去 4 比 0 局面的）则为 2 元。（运用前述帕斯卡的分析方法，不难证明这些结果；读者可自己尝试。）

帕斯卡接着提出了一个更困难的问题：

给定任意一个先赢 n 盘获胜的两人赌局，求（胜者所赢）首盘的价值。

他以先赢 8 盘获胜的两人赌局为例子，指出赌局胜者的首盘获益比例是

$$\frac{1\cdot 3\cdot 5\cdot 7\cdot 9\cdot 11\cdot 13\cdot 15}{2\cdot 4\cdot 6\cdot 8\cdot 10\cdot 12\cdot 14\cdot 16}.$$

也就是说，如果两位赌徒各拿出 $2\cdot 4\cdot 6\cdot 8\cdot 10\cdot 12\cdot 14\cdot 16$ 元作为赌金，那么其中的胜者首盘赢得对手 $1\cdot 3\cdot 5\cdot 7\cdot 9\cdot 11\cdot 13\cdot 15$ 元。

帕斯卡说，要证明这个结果很困难，涉及复杂的组合运算。作为例子，他给出了一个关于从八个不同之物中分别任取四、五、六、七、八个的组合数之和与一个几何级数项之间关系的定理。

然后，帕斯卡利用上述结果，给出了在先赢 5 盘获胜的赌局中，赢得首盘的获益比例：其分子是从八个不同之物中任取四个的组合数的一半，分母是分子再加上从八个不同之物中分别任取更多个的组合数之和——用现在的表达式，这个比例就是

$$\frac{\frac{1}{2}\binom{8}{4}}{\frac{1}{2}\binom{8}{4}+\binom{8}{5}+\binom{8}{6}+\binom{8}{7}+\binom{8}{8}}=\frac{35}{35+56+28+8+1}=\frac{35}{128}.$$

也就是说，如果两位赌徒各自拿出 128 元作为赌金，那么首盘赢者将从对手那里得到 35 元，而对手只剩下 93 元。

帕斯卡又给出了两张表，其中列出了在双方各出赌资 256 元、先赢 1 到 6 盘获胜的不同赌局中，胜者的各盘获益和累积获益，并对其中的数字排列规律做了讨论。

帕斯卡接着谈论与德 · 梅雷有关的另一个赌局问题，他写道：

我没有时间给您写关于一个困难的赌局问题的证明，这个问题曾经令德 · 梅雷极度困惑；他很有能力，但不是数学家（您知道，这是一个很大的缺陷）；他甚至不理解，一条直线在数学上是无限可分的；他坚信，直线由有限多个点组成。我一直不能说服他；如果您能说服他的话，会使他成为更完美的人。

这个令德 · 梅雷极度困惑的赌局问题，在概率论历史上很有名；它后来被称为

德 · 梅雷骑士的赌局 有两种常见的掷骰子赌法：(1) 掷一粒骰子 4 次，要求至少有一次掷出 6 点；(2) 掷两粒骰子 24 次，要求至少有一次掷出双 6 点。问：(1) 和 (2) 各自的获胜机会是多少，它们是否相同？

德 · 梅雷告诉帕斯卡：在赌法 (1) 中，掷骰子赌徒的获胜与失败的机会之比是 $671:625$ ($\approx 0.5177:0.4823$)，即胜多负少。在赌法 (2) 中，因为掷两粒骰子有 $6\times 6=36$ 种结果，而 $24:36=4:6$，所以这时候他获胜的机会应该与赌法 (1) 相同，即也是胜多负少。但在赌博实战中，赌法 (2) 却是胜少负多。这就是造成德 · 梅雷极度困惑的原因。他为此傲慢地对帕斯卡说：数学定理与现实结果不符，算术只会使人发狂 [2, p5]。

帕斯卡没有讲述如何正确地解答德 · 梅雷的赌局问题，他显然想看看费马是否也能解决它。他在信中对费马说 [2, p5]：“根据您所掌握的原理，您会很容易地找到答案。”

注记 运用现代的概率论的分析方法，关于“德 · 梅雷骑士的赌局”问题的正确解答应该是这样的（相信这也是帕斯卡的解答）：

在赌法 (1) 中，掷骰子赌徒获胜的几率是

$$1-\left(\frac{5}{6}\right)^4=1-\frac{625}{1296}=\frac{671}{1296},$$

其失败的几率则为 $1-\frac{671}{1296}=\frac{625}{1296}$；于是胜负机会之比是 $671:625\approx 0.5177:0.4823$；也就是说，胜多负少。

在赌法 (2) 中，该赌徒获胜的几率是

$$1-\left(\frac{35}{36}\right)^{24},$$

其胜负机会之比是 $(36^{24}-35^{24}):35^{24}\approx 0.4914:0.5086$；也就是说，胜少负多。所以，数学正确反映了现实情况；而德 · 梅雷的错误结论，只能归因于其缺乏数学素养。

帕斯卡与费马以后的通信往来

费马虽然没有回答帕斯卡在 1654 年 7 月 29 日信中所提出的问题，但从他在 8 月 9 日给别人的信中可以看出，他对帕斯卡的天赋甚为赞赏，并认为自己与后者的思想是一致的 [2, p7]。

1954 年 8 月 24 日，帕斯卡又给费马写了一封信，继续讨论赌金分配的问题。这一次，他要阐述自己在上封信中提到但未做详细解释的新方法。他在信的开头说 [2, p8]：

我在上一封信中没有告诉您关于赌金分配问题我的全部想法，因为我怕我们可能会在这个问题上有不同的观点，因而影响我们之间极好的和谐——它对于我来说是如此的珍贵。现在我要把我的全部推理呈现给您，希望您能直截了当地指出我的错误或肯定我的正确性。

帕斯卡接着指出，费马所使用的（逐步分析的）组合方法适合解决两人赌局的情况；一旦参赌人数增加，比如说在三人赌局中，这种方法会因计算繁复而无法使用。但他的新方法可适用于多人赌局的一般情况。

帕斯卡分别用一个两人赌局和一个三人赌局来阐明他的新方法，其要点在于：给定赌局中的一个局面，统计从该局面到赌局结束所有可能出现的过程，根据在这些过程中每个赌徒的获胜次数比例，来决定他们分配赌金的比例。不难理解，这种方法确实比前面所介绍的逐步分析的组合方法简便而且适用范围更广。

帕斯卡在信的最后写道：

因为您在上一封信中只用了组合方法来解决两人赌局的赌金分配问题，并没有用我现在的方法来解决多人赌局的赌金分配问题，所以我们在这个问题的思路恐怕是不一样的。

我请求您告诉我，您如何用您的方法来解决这个问题。

我会怀着尊敬和喜悦来拜读您的回复，即使您的想法可能与我的完全相反。

帕斯卡在此显然意在强调自己对处理赌金分配问题新方法的发明权。

费马则在其 8 月 29 日给帕斯卡的回信中，开门见山地说道：

我们之间的“打斗”(interchange of blows) 在继续；而我很高兴我们的思路有了如此大的调整，以致看来我们在同一条道上朝同一个方向前进……

费马接着说：“现在轮到我来告诉您，我的一些关于数的发现了。”——他要反过来，向帕斯卡发出解题挑战：

如果您觉得方便，请考虑这条定理：2 的二次方幂加上 1，总是素数。即：

2 的平方加 1 等于 5，是素数；

2 的平方的平方是 16，加 1 等于 17，是素数；

16 的平方是 256，加 1 等于 257，是素数；

256 的平方是 65536，加 1 等于 65537，是素数；

直至无穷……

费马在这里所描述的，就是形如的 $2^{2^n}+1$ $(n=1,2,3,\cdots)$ 整数，后来

被称为“费马数”。费马声称这些数都是素数。这个论断已被欧拉证明是错的（这也许是费马唯一搞错的定理），因为

$$2^{2^6}+1=2^{32}+1=4294967297=641\times 6700417?$$

不是素数。

约一个月后（9 月 25 日），费马又给帕斯卡写了一封信。

在信的前半部分中，费马详细讲述了如何用组合方法来解决多人赌局的赌金分配问题；以此证明，用这种方法也能很好地解决一般性问题。

在信的后半部分，费马又提出了以下一连串的数论命题：

- 任意一个（正整）数都是至多 3 个三角数之和，或至多 4 个四边形数之和，或至多 5 个五边形数之和，或至多 6 个六边形数之和，如此等等；
- 每个比 4 倍数大 1 的素数（如 5, 13, 17, 29, 37 等）都是两个平方数之和；
- 每个比 4 倍数大 1 的素数（如 7, 13, 19, 31, 37 等）都是一个平方数和另一个 3 倍平方数之和；
- 每个比 8 倍数大 1 或 3 的素数（如 11, 17, 19, 41, 43 等）都是一个平方数和另一个 2 倍平方数之和；
- 没有一个以整数为边的三角形，其面积等于一个平方数。

费马希望帕斯卡能考虑这些问题。

帕斯卡在 10 月 27 日回复费马，他写道：

先生：

我对您的来信感到非常满意。我很好地理解了您解决赌金分配问题的方法，并对此极为赞赏。它完全属于您，与我的方法没有任何共同之处，并且也能方便地解决问题。现在，我们又达到了和谐。

至于费马所提出的那些数论命题，帕斯卡说，他只能欣赏而无意去钻研它们。

事实上，一个多月后，体弱多病的帕斯卡宣布，他全身心地皈依上帝。从此他只关心宗教事务，逐渐摆脱尘世琐事（包括科学研究）的干扰。

结语

耶鲁大学的奥雷 (Oystein Ore) 教授指出：帕斯卡之所以要写信与费马讨论赌金分配的问题，原因之一是他深知这些问题的困难性，于是希望用它们来难倒 (stymie) 强大的 (formidable) 费马；没想到，费马也能自如地解答这些问题 [1, p418]。

从现代概率理论来看，帕斯卡和费马在讨论和解题过程中，澄清或隐含了许多重要的概念：例如，每一次掷骰子都是一个独立的随机事件，其发生的概率不受之前结果的任何影响；离散随机事件的发生概率等于发生该随机事件的组合数与所有可能的组合数之比；他们研究各种赌局局面的价值，相当于求解随机事件的数学期望和条件期望；而帕斯卡后来讨论的问题还涉及布朗运动、随机行走等概念。帕斯卡和费马所开发的方法，至今仍然是解决古典概率问题的有效方法。

所以，人们认为帕斯卡和费马开创了近代概率理论，其中帕斯卡做出了主要贡献。

帕斯卡在后期沉湎于宗教和哲学的思考，脱离了包括数学在内的科学研究。但因与德 · 梅雷的交往而引发他对赌金分配问题的深入研究，仍然在其心中留下深刻的印象，以致在其传世名著《思想录》(*Pensées*，在其身后出版）中，他试图用赌博理论来解决信仰问题，他如此论证 [5, p110−111, 适当改译]：“上帝存在，或他不存在”，我们应该选择哪一边呢？在这里，理智并不能决定什么；一种无穷的混沌把我们隔开了。在这里进行的是一场赌博，其结果——硬币的正面或反面——则在那无穷远的终点见分晓。你把赌注下在哪一边？…… 当你选择信仰上帝时，如上帝确实存在，则你将赢得永恒的生命和幸福；如上帝不存在，则你的损失也有限。比较永恒的所得和有限的所失，所以你应该选择信仰上帝。

参考文献

[1] Oystein Ore. Pascal and the Invention of Probability Theory. The American Mathematical Monthly, 1960, 67 (5): 409−419.

[2] 帕斯卡与费马关于概率论的通信（英）.
http://www.york.ac.uk/depts/maths/histstat/pascal.pdf

[3] Yves Derriennic. Pascal et les problemes du chevalier de Mere: De l'origine du calcul des probabilites aux mathematiques financieres d'aujourd'hui. SMF-Gazette-97, Juillet 2003: 45−71.

[4] Keith Devlin. *The Unfinished Game: Pascal, Fermat, and the Seventeenth-Century Letter that Made the World Modern.* New York: Basic Books, 2008.

[5] 帕斯卡尔 [法]. 思想录. 何兆武译. 北京: 商务印书馆, 1987.

[6] 张奠宙, 王善平. 当代数学史话. 大连: 大连理工大学出版社, 2010.

数学竞赛面面观

普特南数学竞赛简介

牛伟强

牛伟强，华东师范大学数学系博士研究生，主要从事数学方法论与数学教育研究。

普特南数学竞赛曾被美国《时代》杂志称为世界上最难的数学竞赛，也是最负盛名的大学生数学竞赛。近年来该项比赛每年参赛的队伍都超过 400 支，参赛队员也超过了 4000 人。虽然参赛国仅限于美国和加拿大，但该数学竞赛已在世界范围内产生深远的影响。

一、普特南数学竞赛的起源

普特南数学竞赛是为了纪念美国律师、银行家普特南而举办的。普特南全名威廉 · 洛韦尔 · 普特南 (William Lowell Putnam, 1861—1923)，是美国哈佛大学 1882 级学生，毕业后长期从事法律和金融工作，后来成为美国知名的律师和银行家。

威廉・洛韦尔・普特南（资料来源：http://math.scu.edu/putnam/）

普特南坚信高等学校之间组织队伍举行智力竞赛活动的价值。1921 年，他在《哈佛毕业生杂志》第 12 期发表自己的想法，阐述了高校之间举行智力竞赛活动的优点和价值。普特南去世后，其遗孀伊丽莎白 · 洛韦尔 · 普特南 (Elizabeth Lowell Putnam, 1862—1935) 为了实现他的想法，于 1927 年设立“威廉 · 洛韦尔 · 普特南大学间纪念基金会”(William Lowell Putnam Intercollegiate Memorial Fund)，其资助的第一个竞赛活动是一场英语竞赛。1933 年，基金会资助了一场试验性质的数学竞赛，有 10 名哈佛大学学生和 10 名西点军校学生参加，结果西点军校打败哈佛大学，一名军校学生获得了个人最高分，军校的胜利被报纸报道，陆军参谋长麦克阿瑟将军也给参赛者发了贺信 [1]。

这次竞赛获得巨大成功，于是有了一个举行年度竞赛的计划：所有美国和加拿大的大学、学院都可参加。但是，直到 1935 年伊丽莎白 · 洛韦尔 · 普特南去世，并没有再举行过这样的活动。1938 年，美国数学协会 (Mathematical Association of America, MAA) 接手管理基金会，开始组织实施官方的普特南数学竞赛。1938 年至 1942 年，普特南数学竞赛连续举办五届。1943 年，由于战争的影响，经普特南基金会和美国数学协会同意，《美国数学月刊》(The American Mathematical Monthly, AMM) 发通告：普特南数学竞赛暂停举行。1945 年，第二次世界大战结束，但由于管理方面的原因，当年未能举办赛事。1946 年 6 月 1 日，第六届普特南数学竞赛终于举办，尽管这是历史上参赛队伍和队员最少的一届——只有 14 支队伍 67 名队员参加比赛。截至 2017 年 3 月，除了第二次世界大战的三年 (1943—1945) 中断外，普特南数学竞赛已经连续举办了 77 届（最近的是于 2016 年 12 月 3 日举行的第 77 届），成为世界上最具影响力的大学生数学竞赛活动之一。

二、普特南数学竞赛的规则

普特南关于举行校际间智力竞赛的想法得到了美国著名数学家伯克霍夫的支持，并且他还亲自为普特南数学竞赛起草了一些规章制度，如：院校应派代表队参赛，由美国数学协会管理赛事，给优秀团队及个人颁发奖金和荣誉，给个人第一名提供在哈佛大学攻读研究生的奖学金，等等。虽然普特南数学竞赛在数十年的举办过程中规则有所改变，但这几项基本保持不变。随着时代的发展，普特南数学竞赛的组织管理工作也逐渐规范、固定下来，形成现在的传统。

（一）竞赛管理

首届普特南数学竞赛由哈佛大学数学系准备试题并进行评分。为了避嫌，该校没有派队参加，最终加拿大的多伦多大学代表队夺得第一名，加利福尼亚大学（伯克利）代表队获得第二名，哥伦比亚大学代表队得到第三名。鉴于多伦多大学获得了冠军，于是第二届赛事就由多伦多大学数学系筹办，本校也不派队参加，此后的第三届和第四届也是如此。由于命题的院校失去参赛的资格，许多人甚为惋惜。于是，在 1942 年举行第五届普特南数学竞赛的时候，成立了一个专门的竞赛委员会进行命题。从第六届开始，由美国数学协会指定一个 3 人命题委员会主持和管理竞赛，该届的三个委员都是大名鼎鼎的数学家和数学竞赛专家——波利亚（匈牙利数学家、数学教育家），拉多（匈牙利数学家、早期匈牙利数学竞赛优胜者)，卡普兰斯基（首届普特南数学竞赛冠军，后来担任过美国数学会主席)。竞赛管委会委员由美国和加拿大的数学家担任，任期三年，每年有一人退出，两人留任，三朝元老才能担任主席。1948 年，美国数学协会主席又为竞赛组织工作指定一名主任，任期五年，总管报名、考试、评奖、总结等全盘工作 [2]。此后这个传统一直保持到了今天。

（二）参赛对象

1938 年首届普特南数学竞赛在美国和加拿大的大学和学院数学系之间举行，参赛对象是大学和学院数学系在读学生。而在此之前 1933 年的那次非官方举办的数学竞赛，是在哈佛大学学生和西点军校学生之间进行的。自从 1938 年美国数学协会介入后，参赛对象一直是美国和加拿大高校的在读大学生，并且学生都是美国人或加拿大人。现在，普特南数学竞赛的参加对象是美国和加拿大的四年制大学或两年制学院没有获得过大学学位的在读大学生，具有外国国籍的在读大学生也可以参加，但是任何人的参赛次数不可以超过 4 次。随着越来越多的外国学生到美国和加拿大求学，现在普特南数学竞赛的优胜者已经不再限于美国和加拿大学生了，外国学生在竞赛中也取得了优异的成绩。

（三）竞赛时间

普特南数学竞赛每年举行一次（1958 年例外，该年春季和秋季分别举行了一次)。1938 年 4 月 16 日，首届竞赛在哈佛大学正式举行，这次比赛共分两场，上午 9:00–12:00 和下午 2:00–5:00 分别举行一场。第二届普特南数学竞赛于 1939 年 3 月 4 日举行，第三届、第四届、第五届举行的时间分别是 1940 年 3 月 2 日、1941 年 3 月 1 日和 1942 年 3 月 17 日，第二次世界大战结束普特南数学竞赛恢复后，举行的时间放到了 1946 年 6 月 1 日。现在普特南数学竞赛的时间固定下来了：在每年 12 月第一周的星期六，比赛同样分为两场，上午和下午各举行一场，中间有两个小时的午餐和休息时间，具体比赛时间见表 1。

表 1　普特南数学竞赛时间表

时区	上午	下午
东部地区（大西洋地区）	10:00–13:00	15:00–18:00
中部地区	9:00–12:00	14:00–17:00
山地地区	8:30–11:30	13:30–16:30
太平洋地区（包括阿拉斯加和夏威夷）	8:00–11:00	13:00–16:00

（四）报名办法

普特南数学竞赛参赛之前需要先进行注册，具体注册时间和要求参见普特南数学竞赛官方网站（下文有介绍）。选手必须以院校的名义组队参赛，不接受个人独自参赛。如果同一院校参赛选手超过三人，组队的单位必须在赛前指定 3 位参赛者为队员。

（五）试题情况

普特南数学竞赛作为一种针对大学数学系学生的纯数学的学科竞赛，是一项传统的纸笔考试。竞赛主要考察在限定的时间内参赛者的创造性、推理能力和计算能力。考试题目基于微积分、方程论、微分方程、几何等大学数学系的主干课程，当然，群论、集合论、数论、图论等数学内容也会涉及。在早期竞赛中，试题的数量没有固定，一直在 11~14 题的范围内变化，但是从 1962 年的第 23 届开始，竞赛的题目数量固定为 12 题，时间分为两节，一节是上午的 3 小时，题目是 A1–A6，一节是下午的 3 小时，题目是 B1–B6，每道题满分 10 分，总分 120 分。只有关键步骤清晰且完全正确才能得到满分，考生只写出关键步骤也可以得到部分分数。每位选手必须独立答题，不可以使用计数器或计算机。

三、普特南数学竞赛的奖励

普特南数学竞赛分个人组和团体组，一个院校可以组织一支由三名学生组成的代表队参加比赛，队伍的得分为三名队员的排名之和，因此队伍的得分越少成绩越好。根据这个规定，可知决定队伍得分的往往是成绩最差的队员。正是这个奇怪的规定，导致许多有趣事情的发生。然而，无论个人还是团队名列前茅者都可以获得奖励，个人成绩最优秀者甚至可以得到普特南奖学金，获得到哈佛大学攻读研究生的机会。

（一）团体奖励

在普特南数学竞赛的前三届，团体前三名可以得到奖励，奖金分别为 500 美元、300 美元和 200 美元。第五届的团体奖励对象则为前四名，奖金分别为 400 美元、300 美元、200 美元和 100 美元。到了 1958 年，团体奖励的对象又增加为前五名（奖励对象数从此固定），奖金分别为 500 美元、400 美元、300 美元、200 美元和 100 美元，相应的团队每位队员可以得到 50 美元、40 美元、30 美元、20 美元和 10 美元。1997 年以来，团体前五名的奖金分别为 25000 美元、20000 美元、15000 美元、10000 美元和 5000 美元，相应的每个队员可得到 1000 美元、800 美元、600 美元、400 美元和 200 美元奖金。

（二）个人奖励

早期的普特南数学竞赛按字母表顺序公布前十名获奖者，并且分成前五名和次五名，接下来的 30~35 人是荣誉提名奖获得者。1992 年，竞赛管委会把前 25 名分为四类：普特南会员（1–5 名），6–10 名，11–15 名和 16–25 名。1997 年后，又把前 25 名分为了三类：普特南会员（1–5 名），6–15 名和 16–25 名，提名奖获得者仍然是接下来的 30~35 人。每届普特南数学竞赛的前五名由美国数学协会授予最高荣誉——普特南会员 (Putnam Fellow)。每年成绩最高的普特南会员还能得到普特南奖学金 (William Lowell Putnam Fellowship)，去哈佛大学攻读研究生。前五届竞赛的普特南奖学金为 1000 美元加上学费，目前普特南奖学金为 12000 美元加上学费。在普特南数学竞赛前三届，个人前五名即普特南会员每人可获奖金 50 美元；1958 年，普特南会员每人可得到 75 美元，第六到第十名可以得到 35 美元。目前普特南会员的奖金为每人 2500 美元，6–15 名每人 1000 美元，16–25 名每人 250 美元。

（三）荣誉奖励

参加普特南数学竞赛不仅是为了金钱奖励，更重要的是优胜者获得的荣誉和锻炼，这些经历有利于为他们以后的事业创造良好的开端。尽管许多队伍和个人没能得到奖金，但表现较好的个人和队伍会仍有很大的机会获得荣誉提名奖。前 10 名队伍和前 500 名参赛选手的名称和地址将会邮寄给所有的参赛院校，前 10 名队伍和前 100 名参赛选手的信息将会和试题以及解答刊登在具有世界影响的数学刊物——《美国数学月刊》上面。

（四）女子奖励

1992 年，为了鼓励女大学生参加普特南数学竞赛，也为了纪念普特南的妻子伊丽莎白 · 洛韦尔 · 普特南，普特南基金会和美国数学协会商议设立了一项专门奖励女性选手的奖项——伊丽莎白 · 洛韦尔 · 普特南奖 (Elizabeth Lowell Putnam Prize)，奖励一名成绩优秀的女性参赛选手，奖金为 1000 美元，获得其他奖励的女性选手可以同时获得该项奖励。

四、普特南数学竞赛的记录

普特南数学竞赛在漫长的历史上出现过许多有趣的事情，最吸引人的莫过于参赛队伍和个人的参赛成绩记录了。

（一）团体奖励记录

历史上共有 17 个院校获得过普特南数学竞赛团体冠军，其中 11 所院校夺得冠军的次数超过 1 次。第 1~76 届普特南数学竞赛团体奖统计信息见表 2，可以发现哈佛大学在团体竞赛中的表现格外突出：29 次夺得普特南数学竞赛的团体冠军，11 次获得亚军，13 次获得季军，还有 6 次得到第四名和 2 次得到第五名。特别需要注意的是，1985—1992 年哈佛大学连续八年获得团体冠军！创造了前无古人后不见来者的辉煌纪录。加利福尼亚理工学院的表现也十分抢眼：10 次荣获团体冠军，3 次获得亚军，7 次获得季军，还有 5 次得到第四名和 8 次得到第五名。值得提出的是，在普特南数学竞赛历史上只有三支队伍连续三年获得过冠军，其中就包括加利福尼亚理工学院 (1971—1973)。最近一次连续三年夺得冠军的是排名第三的麻省理工学院 (2013—2015)。最后要说一下普林斯顿大学，尽管普林斯顿大学在历史上仅获得过一次冠军，却 11 次获得亚军，4 次获得季军，7 次获得第四名，5 次获得第五名，这样的成绩即使与上述院校相比也并不逊色多少。关于 1938—2015 年普特南数学竞赛团体奖的更加详细的统计信息参见文末所附网站资料 [1, 2]。

表 2 第 1~76 届普特南数学竞赛团体奖统计表

院校	第一名	第二名	第三名	第四名	第五名
哈佛大学	29	11	13	6	2
加利福尼亚理工学院	10	3	7	5	8
麻省理工学院	9	12	10	8	7
多伦多大学	4	5	4	4	1
华盛顿大学（圣·路易斯）	4	4	0	1	2
杜克大学	3	2	6	0	1
布鲁克林学院	3	1	1	0	0
密歇根州立大学	3	0	0	2	0
滑铁卢大学	2	3	6	3	5
康奈尔大学	2	3	2	1	2
布鲁克林理工学院	2	1	0	0	0

注：统计表仅限获得第一名次数不少于 2 次的院校。

历史上共有 42 个院校在普特南数学竞赛中进入过前 5 名获得团体奖，其中只有 13 个院校获得团体奖的次数不少于 10 次。表 3 为第 1~76 届普特南数学竞赛累计团体奖统计表，表现最好的依然是哈佛大学、麻省理工学院、加利福尼亚理工学院等老牌名校。特别的，哈佛大学仍然是独占鳌头，累计 61 次获得团体奖，其中 29 次获得冠军；麻省理工学院紧随其后，累计 46 次获得团体奖，其中 9 次获得冠军；加利福尼亚理工学院和普林斯顿大学相差不大，分别累计 33 次和 29 次获得团体奖，其中分别 10 次和 1 次获得冠军。

表 3 第 1~76 届普特南数学竞赛累计团体奖统计表

院校	前 5 名累计
哈佛大学	61
麻省理工学院	46
加利福尼亚理工学院	33
普林斯顿大学	29
滑铁卢大学	19
多伦多大学	18
杜克大学	12
芝加哥大学、华盛顿大学（圣 · 路易斯）、耶鲁大学、斯坦福大学	11
加利福尼亚大学（伯克利）、康奈尔大学	10

注：此表仅列进入前 5 名次数不少于 10 次的院校。

（二）个人奖励记录

普特南会员是授予前五名参赛选手的最高荣誉，每届基本只有 5 人，只有少数几届由于出现相同分数而多于 5 人；最多的时候是在 1959 年，由于第五名有四人成绩相同，因而当年共有 8 人成为普特南会员。成绩第一名的选手可以得到普特南奖学金，获得到哈佛大学读研究生的机会。历史上第一位获得普特南奖学金的选手是 Irving Kaplansky，1938—1963 年所有获得普特南奖学金的名单详见文献 [2]。截止到 2015 年，普特南数学竞赛历史上一共出现过 288 位普特南会员（不计重复），其中不少人两次、三次甚至四次成为普特南会员。第 1~76 届普特南数学竞赛中普特南会员统计信息见表 4，可以发现哈佛大学的普特南会员高达 105 人，远远超过其主要竞争对手——麻省理工学院的 67 人，这与哈佛大学在团体获奖遥遥领先是相符合的。加利福尼亚理工学院、多伦多大学和普林斯顿大学普特南会员的人数也都超过了 20 人，这与它们在竞赛中都取得过较好的成绩也是相匹配的。需要说明的是多伦多大学的普特南会员多数是在竞赛的早期获得的，而普林斯顿大学则在最近三十年收获了较多的普特南会员。

普特南数学竞赛允许一个学生最多参加四届比赛，因此从理论上来说一名参赛选手最多有四次成为普特南会员的机会。截止到 2015 年，在普特南数学竞赛历史上共有 30 位学生获得过至少三届普特南会员的荣誉，其中仅有 8 人四次成为普特南会员（见表 5），毫无疑问他们是普特南数学竞赛历史上最出色的选手。

最早获得四次普特南会员荣誉的是麻省理工学院的 Don Coppersmith，他在 1968—1971 年连续四年都成为普特南会员，创造了普特南数学竞赛新的历史纪录。最近的获得四次普特南会员荣誉的是加利福尼亚理工学院的

表 4 第 1~76 届普特南数学竞赛中普特南会员统计表

院校	普特南会员人数
哈佛大学	105
麻省理工学院	67
加利福尼亚理工学院	25
多伦多大学	23
普林斯顿大学	22
加利福尼亚大学（伯克利）	16
纽约大学城市学院	10
芝加哥大学	10
耶鲁大学	10
滑铁卢大学	9

注：仅限普特南会员排名前十的院校。

表 5 第 1~76 届普特南数学竞赛中四次成为普特南会员的选手

姓名	院校	年
Don Coppersmith	麻省理工学院	1968, 1969, 1970, 1971
Arthur Rubin	普渡大学, 加利福尼亚理工学院	1970, 1971, 1972, 1973
Bjorn Poonen	哈佛大学	1985, 1986, 1987, 1988
Ravi D. Vakil	多伦多大学	1988, 1989, 1990, 1991
Gabriel D. Carroll	加利福尼亚大学（伯克利）, 哈佛大学	2000, 2001, 2002, 2003
Reid W. Barton	麻省理工学院	2001, 2002, 2003, 2004
Daniel Kane	麻省理工学院	2003, 2004, 2005, 2006
Brian R. Lawrence	加利福尼亚理工学院	2007, 2008, 2010, 2011

Brian R. Lawrence，他在 2007、2008、2010 和 2011 年成为普特南会员，并且是历史上唯一没有连续但却最终四次成为普特南会员的选手。需要注意的是麻省理工学院的 David Yang，他已经在 2013—2015 年连续三年成为普特南会员，因此他很有可能成为最新的四次普特南会员获得者。

历史上普特南数学竞赛中取得优秀成绩的几乎都是男性选手，特别是在竞赛的早期。第一位进入前五名成为普特南会员的女性是纽约大学的 Ioana Dumitriu，是在 1996 年，此后普特南会员中女性开始多起来。伊丽莎白 · 洛韦尔 · 普特南奖始于 1992 年，专门奖励给普特南数学竞赛中取得优异成绩的女性选手。1992—2015 年该奖获得者名单见表 6。

截止到 2015 年，先后有 12 位女性选手获得伊丽莎白 · 洛韦尔 · 普特南奖，纽约大学的 Ioana Dumitriu 和哈佛大学的 Alison B. Miller 表现尤为突出，都连续三年取得好成绩，连续三年荣获伊丽莎白 · 洛韦尔 · 普特南奖，其中 Ioana Dumitriu 更是在 1996 年进入前五名，成为普特南会员。普林斯

表 6 1992—2015 年伊丽莎白 · 洛韦尔 · 普特南奖获得者名单

姓名	院校	年
Dana Pascovici	达特茅斯学院	1992
Ruth A. Britto-Pacumio	麻省理工学院	1994
Ioana Dumitriu	纽约大学	1995, **1996**, 1997
Wai Ling Yee	滑铁卢大学	1999
Melanie E. Wood	杜克大学	2001, **2002**
Ana Caraiani	普林斯顿大学	**2003**, **2004**
Alison B. Miller	哈佛大学	2005, 2006, 2007
Viktoriya Krakovna	多伦多大学	2008
Yinghui Wang	麻省理工学院	2010
Fei Song	弗吉尼亚大学	2011
Xiao Wu	耶鲁大学	2013
Danielle Wang	麻省理工学院	2015

注：年份加黑表示当年成为普特南会员。

顿大学的 Ana Caraiani 和杜克大学的 Melanie E. Wood 分别两次荣获伊丽莎白 · 洛韦尔 · 普特南奖，Melanie E. Wood 在 2002 年的时候还成为普特南会员，而 Ana Caraiani 更是在 2003 和 2004 年连续两年都进入前五名，成为普特南会员。

（三）普特南数学竞赛成绩记录

美国知名作家和记者勒夫 · 格罗斯曼 (Lev Grossman) 曾在美国《时代》杂志上撰文介绍普特南数学竞赛，称其为世界上最难的数学竞赛 (the hardest math test in the world)[4]。普特南数学竞赛之难，充分反映在其历届竞赛成绩统计数据中：历史上总共只有四人在竞赛中得到满分，1987 年一人，1988 年两人，2010 年一人；冠军最低分出现在 1963 年，仅 62 分；零分出现最多的年份是 2006 年，3640 名参赛选手中有 2279 人获 0 分，比率高达 62.6%！最难的是 1979 年的上午第 6 题 (A6) 和 2011 年的下午第 6 题 (B6)，这两道题目在考试中没有任何人获得哪怕是一分！

普特南数学竞赛个人成绩统计情况见表 7，其中包含前五名的成绩、成绩的中位数、成绩的平均数、前 200 名分数线、前 500 名分数线以及零分的百分比等统计信息。我们吃惊的是零分的百分比居然在 50% 左右，也就是说满分 120 分的考试将近一半的考生一分也得不到！成绩的平均分大多不足 10 分，成绩的中位数居然在 2 分左右，不少年份竟是 0 分！这些数据充分说明了普特南数学竞赛的难度。事实上，如果能做出三个题目基本上就毫无悬念的能进入前 500 名，而做出一半题目的考生可以肯定地说取得了很好的成绩。

表 7 第 1~76 届普特南数学竞赛个人成绩统计表

年	前 5 名					中位数	平均数	前 200	前 500	零分百分比
	1	2	3	4	5					
2005	100	98	89	86	80	1	7.9	33	20	46.7
2006	101	99	98	92	92	0	6.2	32	14	62.6
2007	110	97	91	90	82	2	7.0	31	21	42.5
2008	117	110	108	102	101	2	9.5	41	22	47.2
2009	111	109	100	98	97	2	9.5	38	22	43.7
2010	120	118	117	110	109	2	11.9	49	31	47.0
2011	91	87	81	71	70	1	4.4	24	11	46.0
2012	100	87	81	80	78	0	8.2	33	23	52.7
2013	99	93	91	91	88	1	8.3	32	21	49.8
2014	96	89	85	81	81	3	9.7	39	27	34.4
2015	99	90	90	89	82	0	5.5	26	13	55.3

注：仅限最近十余年的统计数据；前 200 名分数线和前 500 名分数线为近似值；2015 年的数据为作者的推算。

关于普特南数学竞赛个人成绩更详细的统计见文献 [1, 3]。

五、普特南数学竞赛的影响

尽管普特南数学竞赛的参赛对象仅限于美国和加拿大的四年制大学或两年制学院没有获得过学位的在读大学生，但是随着越来越多外国学生到美国和加拿大求学，特别是近十余年来自国际数学奥林匹克的金牌获得者越来越多地参加普特南数学竞赛并取得优异的成绩，现在的普特南数学竞赛已经具有了广泛的国际影响力，其对后来美国数学人才的培养乃至整个数学教育都产生了重要的影响。

（一）普特南数学竞赛与杰出人才的培养

举办普特南数学竞赛一个重要的目的，就是识别美国和加拿大最优秀和最有潜力的数学后备人才。尽管没有证据表明获得普特南数学竞赛的奖励与成为数学家有关，但历史上很多普特南数学竞赛的优胜者，后来都成为知名的数学家或科学家。根据文献 [5]，曾担任过美国数学会主席的就有 Irving Kaplansky（1938，普特南会员），Andrew Gleason（1940，1941，1942，普特南会员），Felix Browder（1946，普特南会员），Ron Graham（1958，荣誉提名奖）和 David Vogan（1972，普特南会员）；当选美国科学院院士的有：Irving Kaplansky（1938，普特南会员），George W. Mackey（1938，普特南会员），Andrew Gleason（1940，1941，1942，普特南会员），Felix Browder

（1946，普特南会员），Eugenio Calabi（1946，普特南会员），John W. Milnor（1950，普特南会员），Richard G. Swan（1952，普特南会员），Kenneth G. Wilson（1954，1956，普特南会员），David Mumford（1955，1956，普特南会员），Daniel G. Quillen（1956，普特南会员），Lawrence A. Shepp（1958，普特南会员），Melvin Hochster（1960，普特南会员），Elwyn Berlekamp（1961，普特南会员），David Vogan（1972，普特南会员），Peter W. Shor（1978，普特南会员）和 Roger Howe（1985，普特南会员）。此外，不少普特南数学竞赛优胜者甚至还获得了数学界或科学界的最高荣誉——菲尔兹奖或诺贝尔奖（见表 8）。

表 8 获得菲尔兹奖或诺贝尔奖的普特南数学竞赛优胜选手

姓名	普特南数学竞赛奖励	职业最高荣誉
John Milnor	普特南会员 (1950)	菲尔兹奖
David Mumford	普特南会员 (1955, 1956)	
Daniel Quillen	普特南会员 (1959)	
Paul Cohen	前十名	
John G. Thompson	荣誉提名奖	
Manjul Bhargava	前 25 名	
Richard Feynman	普特南会员 (1939)	诺贝尔物理学奖
Kenneth G. Wilson	普特南会员 (1954, 1956)	
Steven Weinberg	荣誉提名奖	
Murray Gell-Mann	荣誉提名奖	
John Nash	前十名	诺贝尔经济学奖

最后，除了菲尔兹奖和诺贝尔奖获得者外，还有许多普特南数学竞赛的优胜者也取得了卓越的成就，如：1959 年普特南数学竞赛荣誉提名奖获得者 Donald Knuth 在计算机科学中做出了突出的贡献；1976 年普特南数学竞赛前十名的 Eric Lander 目前是人类基因组计划的主要负责人之一；等等。

（二）普特南数学竞赛与数学建模的兴起

数学建模的起源与普特南数学竞赛密切相关。普特南数学竞赛是针对数学系大学生的纯数学的纸笔考试，主要考察在限定的时间内参赛者的创造性、推理能力和计算能力，目的在于鉴别出美国和加拿大最优秀和最有潜力的数学后备人才。因而普特南数学竞赛的试题难度非常高，成绩中位数经常是 1 分甚至是 0 分！如果没有优秀教师的指导和培训，考生很难取得好成绩，这严重打击了考生的自信心，不利于数学教育的发展以及数学人才的培养。

第二次世界大战结束后，随着计算机和计算技术的迅猛发展，数学的应用范围日益广泛，越来越多专家和学者认识到应用数学特别是数学建模的重要性。然而，普特南数学竞赛考试的都是纯数学的传统问题，很少有实际应用问题，更不允许在考场中使用计数器或计算机，这已经无法满足对数学应用问题有兴趣的学生的要求。于是，人们设想举办“应用的普特南数学竞赛”。事实上，早在 1983 年，美国大学生数学建模竞赛的创始人 Ben. A. Fusaro 就产生了关于举办全国大学生应用数学竞赛的想法。

1985 年 2 月 15 日，世界上最早的数学建模竞赛——美国大学生数学建模竞赛正式举行，创始人 Ben. A. Fusaro 在总结第一届美国大学生数学建模竞赛时说：“我在 1983 年 10 月想到了有关全国大学生应用数学竞赛的概念，这是由于我们在组织学生参加普特南数学竞赛中碰到的困难而引发的。参赛学生往往把普特南数学竞赛仅仅看作是一种煎熬，参加竞赛只得到极低分数的经验又扩大了这种令人寒心的效应。最后，普特南数学竞赛中很少的应用内容也不能激起对实际应用感兴趣的学生的兴趣。”[6] 可见普特南数学竞赛有其固有的不足之处，为了能吸引更多的学生参加数学竞赛，也为了反映计算机技术的发展对现代社会的影响，很有必要举行一项应用的数学竞赛。经过 Ben. A. Fusaro 等数学家的奋力奔走和精心筹备，美国大学生数学建模竞赛终于在 1985 年成功举行。

美国大学生数学建模竞赛是与普特南数学竞赛完全不同风格的一种大学生数学竞赛活动，目的是培养大学生用数学方法解决实际问题的意识和能力，整个赛事共计三天，要求三位队员通力合作利用图书、资料并借助计算机完成一篇包括问题的阐述分析、模型的假设和建立、计算结果及讨论的论文。该项赛事每年都吸引大批对数学应用问题感兴趣的院校和学生参加比赛，与普特南数学竞赛不同的是外国院校也可以组队参加，我国自从 1989 年派队参赛后历届竞赛都取得了优异的成绩。随着数学建模竞赛在世界各地逐渐流行开来，我国也于 1992 年举行了首届中国大学生数学建模竞赛。

附录　普特南数学竞赛的资料

（一）网站

1. 美国数学协会关于普特南数学竞赛的介绍，其中包括 1938 年至今的历年团队前五名和个人前五名的名单以及 1992 年至今的伊丽莎白 · 洛韦尔 · 普特南奖获得者的名单。

http://www.maa.org/programs/maa-awards/putnam-competition-individual-and-team-winners

http://www.maa.org/math-competitions/putnam-competition

2. 普特南数学竞赛官方网站：http://math.scu.edu/putnam/

3. 普特南数学竞赛档案信息，其中包括 1985 年至今的普特南数学竞赛试题、解答、获奖者和评分结果。这些解答并非官方公布的而是来自所有的参赛选手。其评分结果对我们了解普特南数学竞赛也有重要的参考意义和价值。http://kskedlaya.org/putnam-archive/

4. 维基百科关于普特南数学竞赛的介绍，其中包括 1938—2015 年历年普特南数学竞赛团体奖获得者名单、历年普特南会员名单以及历年伊丽莎白 · 洛韦尔 · 普特南奖获得者的名单。

https://en.wikipedia.org/wiki/William_Lowell_Putnam_Mathematical_Competition

5. 普特南会员职业发展情况查询网站：

http://www.d.umn.edu/~jgallian/putnamfel/PF.html

（二）书籍

1. 刘裔宏, 等译. 普特南数学竞赛: 1938–1980 [M]. 长沙: 湖南科学技术出版社, 1983.

2. [美] L. C. 拉森著, 潘正义译. 美国大学生数学竞赛例题选讲 [M]. 北京: 科学出版社, 2003.

3. A. M. Gleason, R. E. Greenwood and L. M. Kelly. The William Lowell Putnam Mathematical Competition/Problems and Solutions: 1938–1964.

4. Gerald L. Alexanderson, Leonard F. Klosinski and Loren C. Larson. The William Lowell Putnam Mathematical Competition/Problems and Solutions: 1965–1984.

5. Kiran S. Kedlaya, Bjorn Poonen and Ravi Vakil. The William Lowell Putnam Mathematical Competition 1985–2000 Problems, Solutions and Commentary.

6. Razvan Gelca, Titu Andreescu. Putnam and Beyond, Springer, 2007.

（三）杂志

1. 《美国数学月刊》(The American Mathematical Monthly)。由美国数学协会出版的针对大学生的数学普及刊物。1938 年以来，该刊一般会在每届普特南数学竞赛的第二年刊登竞赛成绩总结、试题、解答以及评论。在赛前该刊还会发布公告，通报竞赛的日期与报名办法。毫不夸张地说，普特南数学竞赛的广泛影响力与该刊坚持不懈的长期宣传是分不开的。

2. 《数学译林》。由中国科学院数学与系统科学研究院主办的数学情报刊物，每年精选并翻译国际上有关数学发展趋势与现状、数学教育、数学奖、数学竞赛、数学史以及人物传记等方面的重要文章予以刊发。自 2002 年起，每年刊登《美国数学月刊》中关于普特南数学竞赛的成绩总结、试题以及解答的中译文。

参考文献

[1] J. A. Gallian, The First Sixty-Six Years of the Putnam competition, Amer. Math. Monthly, 111 (2004), 691–699.（中译文见《数学译林》2005 年第四期）

[2] L. E. Bush. The William Lowell Putnam Competition: Late History and Summary of Results. The American Mathematical Monthly, Vol.72, No.5 (1965), pp.474–483.

[3] J. A. Gallian, The Putnam Competition from 1938–2014. http://www.d.umn.edu/~jgallian/putnam.pdf. 2004.

[4] L. Grossman. Crunching the numbers. Time magazine, December 16, 2002.

[5] J. A. Gallian, Seventy-Five Years of the Putnam Mathematical Competition. Amer. Math. Monthly, 2017, 124 (1): 54–59.

[6] B. A. Fusaro, Mathematical Competition in Modeling, Mathematical Modelling, v.6 (1985), 473–485.

丘成桐中学数学奖介绍

汪杰良

汪杰良，复旦附中优秀数学教师，中国数学奥林匹克高级教练，中国数学会会员。曾任南京市中学数学教学研究会常务理事、南京市初等数学研究课题组组长、上海市数学会理事、上海市中学数学教学研究会常务委员。

2007 年 12 月 19 日，在第四届世界华人数学家大会上，“丘成桐中学数学奖”签约仪式暨新闻发布会隆重举行，这标志着“丘成桐中学数学奖”（以下简称“丘奖”）正式宣告创立。此奖项是由国际数学大师丘成桐教授与泰康人寿保险公司董事长陈东升博士共同发起设立的，得到了享誉全球的美国坦普顿基金会的资助。丘奖设立的宗旨是：“激发中学生对于数学研究的兴趣和创造力，鼓励中学生在数学方面的创造性，培养和发现年轻的数学天才，建立中学教师和大学教授之间的联系。”

世界华人数学家大会自 1998 年开始设立晨兴数学奖以来，又分别设立了晨兴数学终身成就奖、晨兴应用数学奖、陈省身奖、ICCM 国际合作奖等奖项，分别授奖给对数学做出杰出贡献的华人数学家、培养华人做出突出贡献的国外数学家。设立的新世界数学奖则授奖给全球的杰出华人数学系博士生、硕士生和本科生。丘奖是继设立这些奖项之后，诞生的第一个面向全球中学生的数学奖项。此奖项对于在更大范围培养我国出类拔萃的科学创新人才意义深远。

一、丘奖的特点、新意和成果展示

丘奖是以培养华人青少年为主体的全球的中学生科学竞赛。丘奖采用美国“西屋科学奖”（即“英特尔国际科学与工程大奖赛”）的组织与选拔模式。它与数学奥林匹克竞赛所不同的是，没有传统考试的试题，也没有统一的标准答案；而是由参赛者自主阅读书籍杂志，自主选择数学研究课题，并以团队形式报名参赛，团队成员由 1—3 人组成，并按比赛的时间节点提交研究论文，通过论文展示团队合作所得出的新思想、新方法、新发现、新成果。此竞赛对中学生的综合素质和创新能力提出了较高的要求。竞赛秘书处做了许多竞赛的筹备工作。竞赛一开始就公布了竞赛赛程的具体时间表，并且在不同地区都安排了一些针对竞赛的辅导讲座。丘奖的组织架构十分独特。竞赛所聘请的顾问、组织委员会成员、评审委员会成员都予以公告，充分体现了竞赛公开、公正、公平的原则，这是在国内外赛事中极其罕见的。

1. 世界一流数学家亲自参与奖项评判，丘赛极具权威性

丘奖与原有的各种中学生数学奖所不同的，是拥有由世界一流数学家和数学教育家组成的指导并评判团队的权威专家团队。这从首届所聘请的顾问团队成员、组织委员会成员和评审委员会成员便可知晓。

大赛聘请的顾问团队成员有纽约理工大学校长 David C. Chang、中国工程院常务副院长潘云鹤、哥伦比亚大学文理学院院长 Henry Pinkham、浙江大学校长杨卫、加州大学圣巴巴拉分校校长杨祖佑、浙江大学党委书记张曦、芝加哥大学校长 Robert Zimmer。

大赛聘请的组织委员会成员有哈佛大学讲座教授、美国科学院院士丘成桐；泰康人寿保险股份有限公司董事长兼 CEO 陈东升；香港科技大学理学院院长郑绍远；南京大学副校长、研究生院院长程崇庆；复旦大学数学科学学院院长、中国科学院院士洪家兴；加州大学洛杉矶分校教授、浙江大学数学中心执行主任刘克峰；加州大学河滨分校教授潘日新；浙江大学数学系常务副主任许洪伟；中国科学院数学与系统科学研究院首任院长、中国科学院院士杨乐；中山大学数学与计算科学学院院长朱熹平；泰康人寿保险股份有限公司品牌传播部总经理郑燕；泰康人寿保险股份有限公司品牌顾问韩堃。其中丘成桐教授担任主席，陈东升博士担任名誉主席，郑绍远院长担任副主席。

评审委员会分为国内委员会和国际委员会。

大赛聘请的国内委员会成员有加州大学洛杉矶分校教授、浙江大学数学中心执行主任刘克峰；加拿大多伦多大学教授蔡文端；复旦大学数学科学学院院长、中国科学院院士洪家兴；中国科学技术大学教授胡森；加州大学河滨分校教授潘日新；美国密歇根大学教授、浙江大学数学中心光彪特聘教授季理真；台湾大学教授林长寿；中国科学院数学与系统科学研究院副院长王跃飞；大连理工大学数学科学研究所所长王仁宏；清华大学数学系主任肖杰；中国科学院晨兴数学中心副主任、中国科学院院士杨乐；北京师范大学数学科学学院教授、中国数学会普及委员会理事长张英伯；台湾大学数学系主任张镇华；香港科技大学理学院院长郑绍远；中山大学数学与计算科学学院院长朱熹平。其中刘克峰教授担任主席。

大赛聘请的国际委员会成员（每年都有调整和更新）有哈佛大学讲座教授、美国科学院院士 Shing-Tung Yau（丘成桐）；加州大学洛杉矶分校教授 Tony F. Chan；纽约理工大学校长 David C. Chang；剑桥大学讲座教授、英国皇家科学院院士 John Coates；普林斯顿大学教授 Jianqing Fan；哈佛大学讲座教授、美国科学院院士 Benedict Gross；加州大学伯克利分校教授、美国科学院院士 Vaughan F. R. Jones；麻省理工大学教授 Jill Mesirov；加州大学圣巴巴拉分校教授 Kenneth Millett；哈佛大学教授、美国国家数学委员会委员 Wilfried Schmid；加州大学伯克利分校教授、美国国家数学委员会委员 Hung-Hsi Wu（伍鸿熙）。其中丘成桐教授担任主席。

2. 丘奖组织管理严肃认真，丘奖奖项多、奖项重、奖励金额巨大

丘奖组委会秘书处对参赛介绍、制订计划、参赛队伍的组成、利益冲突政策、研究领域、研究报告、学术诚信和指导、知识产权、评审过程时间表、评选原则等都作了详细的说明。一切工作都是通过网上注册、自由申报，大大方便了学生的参与。

组委会为了做好竞赛的组织工作，在国内外各挑选若干所高校负责参赛学生团队所递交论文的初步遴选。将国内外划分成六个分赛区，即东部赛区、南部赛区、北部赛区、中部赛区、台湾赛区、海外赛区。其中东部赛区包括浙江、江苏、山东、上海等。南部赛区包括广东、广西、海南、四川、湖南、贵州、云南、西藏、重庆、福建、江西、安徽、澳门等。北部赛区包括北京、河北、天津、山西、内蒙古、新疆、黑龙江、吉林、辽宁等。中部赛区包括湖北、河南、陕西、宁夏、甘肃、青海等。台湾赛区即中国台湾省。（丘成桐教授于 2004 年在香港创立了针对香港中学生两年一届的“恒隆数学奖”。）海外赛区包括中国以外的国家和地区。

由著名学者领导的委员会，通过审阅研究论文、主持答辩来鉴别学生团队所递交论文的学术水平。竞赛由初赛、分赛区决赛与全球总决赛三级组成。初赛中每个分赛区评出前 10 名的团队为入围奖（竞赛规定：本赛区参赛团队的论文必须由另一赛区的评委评审），参加本赛区的决赛，用中文或英文回答评委提出的问题，经过答辩，评出一等奖、二等奖、三等奖。其中一等奖的 5 个团队参加丘奖全球总决赛。

丘奖全球总决赛由国际委员会成员评审，统一用英文答辩。每个团队有 20 分钟的答辩时间。整个阐述及答辩过程，均参照博士学位论文的答辩模式进行，根据论文所研究出的成果、答辩等综合打分，最终评出全球总决赛金奖、银奖、铜奖、优胜奖、鼓励奖等奖项。其中现金奖励大约 10 个参赛团队，面向全球的中学生：金奖一个，奖金 15 万元；银奖一个，奖金 10 万元；铜奖三个，奖金 6 万元；优胜奖五个，奖金 3 万元。上述各奖项的奖金由参

赛学生、指导老师和所在学校共同分享。70% 的奖金由所在团队的学生获得，其余 30% 的奖金由指导老师和所在学校均分。参加决赛的学生若想申请去国内外的大学就读，组委会主席将出具用于入学用途的确认函、评语和推荐信。此外，大赛特别设置了“保险精算师大奖”，以奖励团队在金融数学领域研究中最优秀的研究报告。组委会还承担获奖团队在参加答辩和颁奖典礼期间的差旅费。丘奖无论在物质上还是精神上的奖励，都是中国中学生参加国内外赛事的待遇中最好的。

3. 参加丘奖活动的学生、指导教师优秀，学生参赛的研究项目水平高

从 2007 年设立丘奖起，2008 年成功举办首届丘奖到 2016 年发展为“东润丘成桐科学奖”，历经 10 年，已成功举办 9 届竞赛，参赛中学生覆盖了全国 28 个省、市、自治区及部分境外地区，累计有 248 个学生团队、465 人获奖，其中数学奖有 9 个团队荣获金奖、13 个团队荣获银奖、32 个团队荣获铜奖、42 个团队荣获优胜奖、66 个团队荣获鼓励奖。历届获得丘奖（金奖、银奖、铜奖）的学生、课题及指导教师如下：

从浙江省温州中学张潇、叶立早、方伟军团队（指导教师：陈相友）携“关于模素数的最小素二次剩余的研究”研究项目获得首届丘奖金奖算起，获得金奖的团队有美国伊利诺伊州数学与科学学院陈智欣团队（指导教师：丘成栋）携“具有孤立奇点齐次多项式的无坐标刻化”研究项目；上海市市北中学陈波宇团队（指导教师：金荣生）携“Weierstrass 函数在不可列的稠密集上不可导的一种证明”研究项目；美国西德维尔友谊中学 Wang Xie 团队（指导教师：Luo Tao）携“非热平衡下气体动力学的激波形态”研究项目；清华大学附属中学邵城阳团队（指导教师：杨利军）携“论两个函数方程解析解的渐近性质”研究项目；美国圣格利高里预科学校 Yuanqi Zhang 团队（指导教师：Xianfeng Gu）携“利用共形几何的三维曲面实现”研究项目；湖南师范大学附属中学谭泽睿团队（指导教师：程永兴）携“在平移素数数列中的无平方因子数”研究项目；华东师范大学第二附属中学刘臻化团队（指导教师：戴中元）携“一个数论渐近公式”研究项目；广东实验中学黎世伦团队（指导教师：伍毅东）携“毛细悬浮问题中的一类凸曲线”研究项目。

从美国圣塔芭芭多斯普布罗斯高中戴安琪、金卡罗琳、金约翰团队（指导教师：魏国芳）携“二元矩阵的可逆概率”研究项目获得首届丘奖银奖算起，获得银奖的团队有中国人民大学附属中学马悦然、文浩、段湾团队（指导教师：许明宇）携“基于 Vasicek 利率模型的欧式期权定价研究”研究项目；中国人民大学附属中学刘頔、于伦团队（指导教师：阳庆节）携“对凸形内部一类特殊点的研究”研究项目；深圳中学何卓东团队（指导老师：张承宇）

携“存在一个非 van Douwen 极大几乎不相交族”研究项目；杭州第二中学任之、杨东辰团队（指导老师：斯理炯）携“数学物理中的一个丢番图问题”研究项目；北京市中关村中学杨祚儒、富宏远、计润达团队（指导老师：潘凤易）携“足球弧线球的数学分析方法”研究项目；新加坡国立大学附属高中 Chenglei Li 、Jingqi Zhou 团队（指导老师：Minghuang Chai）携“凸拟柱体平整化的一种普适算法”研究项目；郑州外国语学校夏剑桥、金钰翔、张孟哲团队（指导老师：曹四清）携“$t(\alpha^n-\beta^n)$ 不同素因子个数分析以及狄利克雷定理的一个特例”研究项目；美国阿卡迪亚高中 George Hou 团队（指导老师：Jack Xin）携“在噪音环境下用全局优化分离混合信号”研究项目；上海市浦东复旦附中分校陈子弘团队（指导老师：闻君洁）携“一类无穷级数的求和问题”研究项目；上海交通大学附属中学陈德澍团队（指导老师：侯磊）携“一类满足本福德分布律的无穷数列的探究”研究项目；美国纽夸谷高中 Sarvasva Raghuvanshi 团队（指导老师：Stephen S.-T. Yau）携“丘成桐几何猜想在六维中的证明”研究项目；清华大学附属中学胡泽涵、王泽宇团队（指导老师：杨青明）携“线网上的 Voronoi 图问题及其应用”研究项目。

从华南师范大学附属中学赵玉博团队（指导教师：郝保国）携“佩尔方程递归解的幂型因子性质及其在不定方程中的应用”研究项目获得首届丘奖铜奖算起，获得铜奖的团队有杭州外国语学校傅雨迪、李周嘉团队（指导老师：徐渊楫）携“绿化喷灌中水量均衡的优化问题”研究项目；江苏省苏州中学秦祎芃、高振源、苏聪团队（指导老师：蔡斌）携“道路降雪铲除模型及城市主干道降雪清除规划”研究项目；杭州西子实验学校项志伟、钱正珍、付圣博团队（指导老师：夏霖）携“Ramsey 数的新上界公式及其应用”研究项目；深圳中学王子丽团队（指导老师：吴聪）携“几何模型——神奇的立体万花筒”研究项目；清华大学附属中学卢胜寒团队（指导老师：李劲松）携“关于数论函数 $Ff(h)$ 的上界估计”研究项目；杭州第二中学干悦、陈宇戈、孙璐璐团队（指导老师：金洁）携“从画正多边形的铰链到连杆轨迹”研究项目；广东广雅中学吴俊熹、熊奥林、刘哲团队（指导老师：杨志明）携“瓦西列夫不等式的推广加强与类似”研究项目；美国米尔顿学院 Farzan Vafa 团队（指导老师：Yong Lin）携“图上的距离的一种新定义”研究项目；北京市十一学校曾文远团队（指导老师：潘国双）携“三次函数切割线的斜率关系”研究项目；合肥市一六八中学丁宇堃团队（指导老师：孙文海）携“裴蜀定理的加强证明”研究项目；杭州外国语学校蔡煜晟、赵海洲团队（指导老师：张传鹏）携“一类离散最值问题的探究”研究项目；广东实验中学魏锐波、储岸均团队（指导老师：张俊杰）携“含 Euler 数和 Bernoulli 数的恒等式新探”研究项目；华南师范大学附属中学樊润竹、李想团队（指导老师：罗碎海）携“莫比乌斯带分割的结构与拓扑性质”研究项目；北京市十一学校王嘉琦、蔡立德团队（指导老师：贾祥雪）携“一类 Pell 方程的可解性研究”研究项目；美国南布伦瑞克高中 Ritesh Ragavender 团队（指导老师：Alexander Ellis）携“q-对称多项式与幂零 Hecke 代数”研究项目；吉林大学附属中学刘通、徐旋团队（指导老师：任玉莲）携“M-带小波域的量子水印”研究项目；美国阿卡迪亚高中 Anthony Hou 团队（指导老师：Ernie Esser）携“结肠肿瘤分类的特征识别”研究项目；华东师范大学第二附属中学沈伊茜团队（指导老师：戴中元）携“凸四边形外接椭圆及其性质研究”研究项目；华东师范大学第二附属中学丁懿铭团队（指导老师：张成鹏）携“基于贝叶斯理论的微博僵尸粉识别研究”研究项目；天津市耀华中学陶然、于朔团队（指导老师：卢翔）携“一类不等式的研讨”研究项目；美国威灵顿高中 Peter Tian 团队（指导老师：Jesse Geneson）携“不可实现的多维矩阵的极值函数”研究项目；美国西温莎-普兰斯堡北区高中 Brice Huang 团队（指导老师：Wuttisak Trongsiriwat）携“G-parking 函数的一种推广及相关的代数”研究项目；北京市十一学校王健佑团队（指导老师：潘国双）携“有界带电导体之外电势的估计”研究项目；北京市一零一中学朱广原团队（指导老师：刘建玉）携“皮克定理高维推广研究”研究项目；东莞中学松山湖学校李韬团队（指导老师：温冬生）携“若干新的 Littlewood 型不等式”研究项目；华南师范大学附属中学吕子原、郭昱裕团队（指导老师：韦吉珠）携“二维常曲率空间中三角形形状的概率分布”研究项目；深圳中学孔喆、叶依林团队（指导老师：张文涛）携“秘书问题的三类推广”研究项目；美国伍德布里奇高中 Spencer Sheen 团队（指导老师：Hongkai Zhao）携“鲁棒性矩阵分解的一种坐标下降方法”研究项目；上海市上海中学范峻昊团队（指导老师：顾滨）携“关于连续整数集合的分解”研究项目；华南师范大学附属中学张质源、谭健翔团队（指导老师：李兴怀）携“q-周期回形折线的布洛卡图”研究项目；美国波士顿国际学校 Bella Gu 团队（指导老师：David Xianfeng Gu）携“基于里奇流和蒙日–安培方程的几何压缩”研究项目。

从复旦大学附属中学韩京俊团队（指导教师：汪杰良）携“完全对称不等式的取等判定”研究项目获得首届丘奖优胜奖算起，获得优胜奖的团队有来自海外赛区的美国蒙哥马利布莱尔高中、美国自由高中、美国黑泽尔顿地区高中；东部赛区的复旦大学附属中学、华东师范大学第二附属中学、杭州外国语学校、绍兴市第一中学、南京外国语学校、南京金陵中学河西分校；南部赛区的广州广外附设外语学校、广东实验中学、广东广雅中学、华南师范大学附属中学、深圳中学、海南中学、澳门培正中学；北部赛区的中国人民大学附属中学、清华大学附属中学、北京市十一学校、北京大学附属中学、天津市第一中学、东北育才中学、大连市金州高级中学、鞍山市第一中学、邯郸市第一中学；中部赛区的河南省实验中学。

从中国人民大学附属中学获得首届丘奖组织奖算起，获得组织奖的学校有来自东部赛区的复旦大学附属中学、华东师范大学第二附属中学、杭州外国语学校、绍兴市第一中学、南京外国语学校；南部赛区的华南师范大学附属中学、广东实验中学、广东广雅中学、广州第六中学、深圳中学；北部赛区的中国人民大学附属中学、清华大学附属中学、北京市十一学校。

通过对九届丘奖的奖项分析发现，美国的学生团队获得金牌 3 枚，约占金牌数的 33.3%；上海市的学生团队获得金牌 2 枚，约占金牌数的 22.2%；北京市、浙江省、广东省、湖南省的学生团队分别获得金牌 1 枚，约占金牌数的 11.1%。北京市的学生团队获得银牌 4 枚，约占银牌数的 30.8%；美国的学生团队获得银牌 3 枚，约占银牌数的 23.1%；上海市的学生团队获得银牌 2 枚，约占银牌数的 15.4%；新加坡、浙江省、广东省、河南省的学生团队分别获得银牌 1 枚，约占银牌数的 7.7%。广东省的学生团队获得铜牌 9 枚，约占铜牌数的 28.1%；美国的学生团队获得铜牌 7 枚，约占铜牌数的 21.9%；北京市的学生团队获得铜牌 5 枚，约占铜牌数的 15.6%；浙江省的学生团队获得铜牌 4 枚，约占铜牌数的 12.5%；上海市的学生团队获得铜牌 3 枚，约占铜牌数的 9.4%；江苏省、安徽省、吉林省、天津市的学生团队分别获得铜牌 1 枚，约占铜牌数的 3.1%。

从获奖项目的等第分析发现，美国的学生团队获奖的等第最高，学生创新精神和创新能力最强。其次是上海市、北京市、广东省、浙江省、江苏省的学生团队，获奖的等第和数量都很好，学生的创新精神和创新能力强，指导教师的数学水平比较高。在参加比赛的国内外学生团队的指导教师中，美国学生团队的指导教师的学术水平最高。国际著名数学家、美国伊利诺伊大学芝加哥分校的杰出教授丘成栋，他已经是培养了 50 多位博士的博士生导师，还亲自潜心指导中学生数学项目，使美国的学生团队分别夺得丘奖的金奖和银奖。如今，国内不少高水平的中学教师参与指导学生丘奖的研究项目，一些大学教授也都参与到这一活动中，使得中学优秀数学教师与大学权威数学家结成联盟，携手前进，共同培养顶尖数学人才。

二、从丘奖到东润丘成桐科学奖的跨越式发展

1. 丘成桐中学应用数学科学奖

丘奖不仅鼓励学生重视数学的理论研究，还特别注意引导学生关注社会、关注生活、重视数学的应用性，鼓励更多的中学生将数学与应用相结合。其评奖范围在向数学应用研究方向延伸。从第三届（2010 年）丘奖开始，首次设立“丘成桐中学应用数学科学奖”，同时进行了丘成桐中学应用数学科学奖

的组织架构。

首届（2010 年）丘成桐中学应用数学科学奖所聘请的顾问团队成员、组织委员会成员以及评审委员会成员在数学界、科学界有巨大的影响力。

大赛聘请的顾问团队成员有中国科学院院长路甬祥；中国工程院常务副院长潘云鹤；纽约理工大学校长 David C. Chang；加州大学圣巴巴拉分校校长杨祖佑；香港科技大学校长陈繁昌；清华大学校长、中国科学院院士顾秉林；中国科学院数学与系统科学研究院院长郭雷；中国科学院数学与系统科学研究院首任院长、中国科学院院士杨乐；中国科学院院士石钟慈；中国科学院外籍院士、清华大学教授姚期智；中国工程院院长徐匡迪。

大赛聘请的组织委员会成员有哈佛大学讲座教授、美国科学院院士丘成桐；泰康人寿保险股份有限公司董事长兼 CEO 陈东升；香港科技大学校长陈繁昌；中国科学院数学与系统科学研究院院长郭雷；中国科学院院士、复旦大学数学科学学院教授李大潜；大连理工大学数学科学研究所所长王仁宏；中国科学院教授袁亚湘；中山大学数学与计算科学学院讲座教授、千人计划学者许跃生；清华大学经济系主任白重恩；加州大学洛杉矶分校教授、浙江大学数学中心执行主任刘克峰；台湾大学数学系教授陈宜良；香港中文大学数学系讲座教授陈汉夫；泰康人寿保险股份有限公司品牌传播部总经理郑燕；泰康人寿保险股份有限公司品牌顾问韩堃。其中丘成桐教授担任主席，陈东升博士担任名誉主席，陈繁昌校长担任副主席。

评审委员会分为国内委员会与国际委员会。

大赛聘请的国内委员会成员有香港中文大学数学系讲座教授陈汉夫；中国科学院数学与系统科学研究院院长郭雷；中国科学院院士、复旦大学数学科学学院教授李大潜；大连理工大学数学科学研究所所长王仁宏；中国科学院教授袁亚湘；中山大学数学与计算科学学院讲座教授、千人计划学者许跃生；清华大学经济系主任白重恩；浙江大学数学科学研究中心副主任许洪伟；台湾大学数学系教授陈宜良；加州大学戴维斯分校计算机系、数学系教授柏兆俊；新加坡国立大学数学系杰出教授沈佐伟；名古屋大学计算科学与工程系教授张绍良；新竹清华大学教授林文伟；清华大学数学科学系教授、博士生导师曾云波；南京师范大学校长宋永忠；牛津大学数理金融研究所主任周迅宇。其中陈汉夫教授担任主席。

大赛聘请的国际委员会成员（每年都有调整和更新）有哈佛大学数学系主任、美国科学院院士丘成桐；香港科技大学校长陈繁昌；香港中文大学讲座教授、美国国家科学院院士姚期智；麻省理工学院教授、美国国家科学院院士 Gilbert Strang；加州理工学院教授侯一钊；斯坦福大学教授、美国国家科学院院士王永雄；伊利诺伊大学芝加哥分校数学、统计学和计算机科学系特聘教授丘成栋；布朗大学应用数学系主任舒其望；耶鲁大学教授赵宏宇；斯坦福大学管理科学与工程系教授叶荫宇；麻省理工学院及哈佛大学布罗德研究中心主任 Jill Mesirov；斯坦福大学统计系教授黎子良；厦门大学会计发展研究中心主任曲晓辉。其中丘成桐教授担任主席。

丘成桐中学应用数学科学奖金奖由杭州市外国语学校朱陶元敏、张允宜团队（指导老师：潘俊）携“变速队伍中速度传递问题的研究及其应用”研究项目首次获得。这也是丘成桐中学应用数学科学奖设立三届以来唯一授予的金奖。

获得丘成桐中学应用数学科学奖银奖的有新加坡国立大学附属数学与科学高中的 Li Ang 、Lim Sung Hyun 、Wang Qi 团队（指导老师：Chai Ming Huang）携“自然界中的群聚动力学”研究项目；广州市执信中学万宇欣、胡倩韵团队（指导老师：刘诗顺）携“中国南海台风的风力模型”研究项目；南京外国语学校陈宗灿、杜楠团队（指导老师：龚强）携“最优交通拥堵费定价研究”研究项目。

获得丘成桐中学应用数学科学奖铜奖的有广东广雅中学的黎骁旸、蔡宇团队（指导老师：杨志明）携“墨西哥湾原油泄漏事件在推广 Fay 公式基础上的建模”研究项目；江门市第一中学张姝、李璟、李建斌团队（指导老师：李凌山）携“儿童保护保险的精算学模型”研究项目；杭州外国语学校杨嘉旗、徐天辰、李晨杨团队（指导老师：李惟峰）携“多米诺骨牌模型的研究及其推广”研究项目；美国宾斯伯里高中 Matthew Rauen 团队（指导老师：Jesse Geneson）携“强可乘性图的研究”研究项目；南京外国语学校尤宸超、田汉团队（指导老师：朱胜强）携“一种工业上测量椭圆截面积和椭球体积的新方法”研究项目；美国维斯顿高中 Ariya R. Shajii 团队（指导老师：Gabor Lippner）携“有向图同调群维数的计算”研究项目；清华大学附属中学王芝菁团队（指导老师：杨青明）携“CG 图和形独基本性质探究”研究项目。

获得丘成桐中学应用数学科学奖优胜奖的有澳门培正中学的谭知微团队（指导老师：黄灿霖）携“云深不知处——代数学在云端储存上的应用”研究项目等，获得丘成桐中学应用数学科学奖优胜奖的团队来自澳门培正中学、江苏省锡山高级中学、清华大学附属中学、福建省厦门第一中学、新加坡国立大学附属高中。

2. 丘成桐中学科学奖

当丘奖评比五年后，组委会将丘奖与丘成桐中学应用数学科学奖合并为丘奖。2013 年首次设立“丘成桐中学物理奖”，将丘奖与丘成桐中学物理奖合并为“丘成桐中学科学奖”，从而构建起以丘成桐中学科学奖为支撑的基础框架，即以数学奖和物理奖为基础的中学生科研创新能力培养模式。首届丘成桐中学科学奖竞赛共有来自海内外近 200 所中学的 400 多支中学生团队报名参加数学奖的角逐，有 28 所中学的近 60 支中学生团队报名参加物理奖的角逐，有 13 支参加比赛的中学生团队来自美国、日本、新加坡等国家。

2013 年 12 月 16 日，首届丘成桐中学科学奖颁奖典礼在清华大学举行。美国圣格雷戈里预备中学的张媛琦团队获得数学奖金奖，厦门外国语学校的陈锴杰、赖文昕团队获得物理奖金奖。

3. 东润丘成桐科学奖

当丘成桐中学科学奖评比三年后，其正式更名为“东润丘成桐科学奖”，该奖项由丘成桐教授和孔东梅女士创立的东润公益基金会联合主办，进一步扩大了设立奖项的范围：2016 年首次设立“丘成桐中学化学奖”和“丘成桐中学生物奖”，将丘成桐中学科学奖发展为东润丘成桐科学奖。从此，以东润丘成桐科学奖为支撑的理科框架得到了极大丰富，并首次设立跨学科综合性奖——“科学金奖”。此奖项被誉为“中国青少年诺贝尔奖”。

为早期发现物理、化学、生物的天才学生，丘赛由原来的单纯数学奖，发展到现在的包括物理、化学、生物等各种学科的综合科学奖，成为国际性中学生的大奖赛，为培养世界级的未来顶尖人才打下坚实的基础。

来自国内外 1153 支团队的青少年科学爱好者，积极参加比赛。其中数学项目、物理项目分别有 643、229 个团队参加比赛，化学项目、生物项目分别有 107、174 个团队参加比赛。来自海内外的 100 多位专家参与了数学奖、物理奖、化学奖、生物奖的辅导和评审工作。在 2016 年的东润丘成桐科学奖竞赛中，广东实验中学的黎世伦团队获得东润丘成桐科学奖（数学）单项金奖；广州市第六中学的林泓隽、洪梓烨、许子潇团队获得东润丘成桐科学奖（物理）单项金奖；北京十一学校的壮澜团队获东润丘成桐科学奖（化学）金奖；华南师范大学附属中学的李顺团队获得东润丘成桐科学奖（生物）金奖。最终，来自广东实验中学的黎世伦团队在数学金奖、物理金奖、化学金奖、生物金奖的激烈角逐中，力压群芳，一举夺得 2016 年东润丘成桐科学奖最高奖“科学金奖”。

从丘奖的诞生到现在，在这短短的十年间，它不仅得到了国际顶尖教育机构的青睐，并且得到了国际一流数学家、科学家群体的通力合作。丘奖不仅得到了教育部、中国科学技术协会以及社会各界的支持和赞许，甚至得到了全国人大常委会副委员长路甬祥、全国政协副主席黄孟复、中央政治局委员刘延东的大力支持。2009 年 12 月 21 日，全国人大常委会副委员长陈至立在人民大会堂会见了“菲尔兹奖”获得者丘成桐、陶哲轩和“丘成桐中学数学奖”评审委员会委员以及获奖者代表。这显著地扩大了丘奖的知名度。

此外，清华大学、复旦大学、浙江大学、中国科学技术大学等著名高校，以招生优惠政策吸引丘奖获奖者，大大提高了丘奖的影响力。

由于丘赛的优势明显，参赛中学生的覆盖面逐步扩大，如今，所有国家民族的中学生都可以参加丘奖比赛，丘赛已经迅速发展成世界性中学生科学竞赛，此赛事被公认为世界华人中学生中最富有创造力的科学大赛，丘奖的意义、作用和学术水平可以比肩“西屋科学奖”。

三、丘奖为培养一大批拔尖人才所做出的巨大贡献

1. 丘赛对中学教师的高要求，促进了优秀中学教师的成长

丘奖的设立，培养了一批敬业、爱生、高水平的教师。他们以培养学生的创新能力为目标，精心设计符合学生的认知发展规律的讲课内容，讲思路、讲来龙去脉，深入浅出，以富有高度艺术性和创造性的活动，再现课本上的公式、定理是如何在人们的实验、探索中制造出来的过程；教会学生发现问题的方法，善于启发他们的想象力、思考力、记忆力；揭示数学中那些和谐、神奇的联系，即从哲学、历史和文化的角度向学生讲述数学的发展及其对人类文明的影响，从而优化课堂教学过程，为素质教育增添了新的活力。

参与丘奖的活动，激发教师通过具体研究的实例，幽默风趣、循循善诱地唤起学生奔放的激情和随机的灵感。如数学游戏是人们喜闻乐见的一种活动形式，游戏中的许多智力活动，类似于数学中的所需要运用的智力活动，要求参与者分析、思考、判断，从而做出聪明的决策，这与解决数学问题的过程是大致相同的。教师在教学中，不仅要重视学生的逻辑思维能力训练，而且还要强化他们的发散思维的训练，展示研究数学中的发现和创新法则，教会学生寻找真理和发现真理的本领。

参与丘奖的活动，要求教师有广泛的知识储备，促使教师博览群书，结合教学内容选择学生感兴趣的问题。通过具体问题向学生展示一个新定理的发现，往往要通过观察结果，然后类比，通过合情推理、猜测等一系列综合分析的过程；往往需要先猜测这个定理的内容，再寻找证明的思路。数学的创造性成果需要通过论证、推理得到确认。使学生领悟到数学课题研究与解题思路恰恰相反，数学课题研究要先从特殊情形尝试、通过几何的直觉、类比猜测结果，然后找出共性，再抽象，猜测一般结果。

参与丘奖的活动，会加深教师与学生的接触和交流，交流中会产生许多新颖有趣的思想，教师会发现对思考问题全身心投入、有创意的学生，这有利于教师准确地辨别学生的学习潜能，有利于发展学生的专长与爱好。与此同时，教师的责任感、吃苦耐劳和助人为乐的性格都会得到展示。教师的真

才实学、治学严谨的态度，对数学的领悟、求知精神和研究热情，往往能激发学生的学习兴趣和学习的主动性。学生在丘奖中所表现出来的数学才华也会促进教师意识到加强业务进修的必要性，以适应学生茁壮成长所需要的教学本领。

2. 丘赛促进一批优秀中学生的成长，发现一批顶尖青少年人才

参加丘奖的活动，是培养学生数学鉴赏力和创造力的最好方式。它给年轻的数学精英创设了独特的展示平台，鼓励有潜质的学生一起学习和探讨数学。他们通过研究数学问题，对数学学习产生浓厚的兴趣；生动有趣的数学问题，会激发他们去阅读课外数学读物，发现许多定理、公式的证明是简洁和漂亮的，通过了解他人已经做的工作，不断产生灵感，做出创新的成果。

写数学论文会使学生对数学学习产生强烈的信念和热爱，还可以培养学生的逻辑思维和严密的推理能力。学生不仅体验到一条定理和它的证明如何由孕育、诞生到成长的全过程，而且还体验到如何通过实验、收集数据，通过变换，将不熟悉的问题转化为熟悉的数学问题的过程。在探索过程中，他们会尝试以不同角度理解，从而获得新的发现，会得到在发现过程中那种难以言喻的喜悦。他们通过数学课题研究培养起来的对探索科学奥秘的兴趣、创新精神和实践能力都会对他们未来的成长产生巨大的影响。

参加丘奖的活动，会极大地提高学生发现问题、分析问题和解决问题的能力。团队成员之间、学生与指导老师之间的交流，会不断将研究问题引向深入，每当研究课题有进展、有突破、最终被成功解决时，学生感到特别兴奋和快乐。这时，一定要鼓励他们将成果写出来，帮助他们审核是否准确无误，培养学生专心致志、严密谨慎、精益求精的功夫。成功来自鼓励，鼓励他们不满足现有的结果，敢于深入思考，大胆猜测，直至获得最好的结果，这可以培养学生在数学研究上对自己数学潜能的一种自信。而当学生研究遇到瓶颈时，老师要多与学生交流，共同寻找解决问题的方法。一次次提出问题，并以顽强的毅力逐步解决问题的过程，会成为他们刻骨铭心的记忆。

参加丘奖活动中涌现出来的顶尖学生，在丘奖分赛区以及全球总决赛的答辩中，还有机会与著名数学家面对面交流，聆听大师的教诲，学者的成就及个人魅力将会一如既往地鼓舞着他们，激励着他们，使他们终身受益。

从我所熟悉的几位获丘奖的学生之后的发展，便可印证丘奖设立的宗旨。

我所指导的韩京俊同学的两篇数学论文分别荣获首届丘奖优胜奖、第二届丘奖鼓励奖。他被北京大学录取，目前在北京大学攻读博士学位，研究方向是代数几何。他在本科阶段从事不等式机器证明的研究，延续了高中参加丘奖所写论文的工作。他以第一作者身份发表的论文《用简化的柱形代数分

解算法投影证明不等式与解决全局优化问题》《开弱柱形代数分解算法及其应用》《在柱形代数分解算法投影阶段通过计算最大公因子来构造更少的开胞腔》等先后发表在 SCI 收录的杂志《符号计算杂志》、EI 收录的会议“符号与代数计算国际研讨会”上；独立撰写的论文《多元判别式和逐次结式》发表在 SCI 收录的杂志《数学学报（英文版）》上；42 万字的著作《初等不等式的证明方法》于 2011 年由哈尔滨工业大学出版社出版，该书的主要研究成果即为作者参加两届丘奖比赛所递交论文的研究成果。此外他分别在“亚洲计算机数学会议”和国内核心期刊《北京大学学报》上发表两篇学术论文。他目前是美国《数学评论》评论员，SCI 收录的杂志《符号计算杂志》《数学不等式杂志》的审稿人。凭借出众的综合素质，他当选为首届“中国电信奖学金 · 天翼奖”暨“践行社会主义核心价值观先进个人标兵”（全国共 50 名）。

复旦附中的赵易非同学荣获第二届丘奖优胜奖。他被美国哥伦比亚大学录取，目前在哈佛大学攻读博士学位，研究方向是几何朗兰兹纲领。他的论文《光滑代数簇上的极大 Frobenius 非稳定化向量丛》发表在《国际数学杂志》上，尚未发表的预印本有：1. 有限约化群表示的提升：一个特征关系；2. 非 Kahler 曲面上 Donaldson 热流的极限行为。

上海市浦东复旦附中分校的陈子弘同学荣获第八届丘奖银奖，持丘成桐教授的推荐信于 2016 年被哈佛大学录取。陈子弘同学曾经是我的学生，他于 2015 年 2 月至 6 月，来复旦附中上我所开设的“数学研究”选修课。我向学生介绍了丘奖，并介绍了韩京俊两次荣获丘奖的事迹，还告诉他们，做高等数学的研究课题能获得好的研究成果，鼓励他们参加丘奖活动。每周我和他都有较多的面对面的交流，并向他介绍寻找科研课题的经验以及写作科学论文的规范。我先后指导并修改了他写的三篇数学论文，其中数学论文《几道题的复数解法与三角解法比较》发表在上海《中学生导报》2015 年 6 月 10 日的数学 · 策略栏目上。对“数学研究”选修课的一道试题，他答道：“……事实上，在开始上‘数学研究’课以后，我也开始尝试学习一些更深入、严密和难懂的数学方法与思想，比如大学中的‘傅里叶分析’和‘复分析’。这样的课程虽然较高中课程难好多，而且我也只是利用课余时间自主学习，但‘数学研究’课上运用的证明方式却给我自主学习的内容打下基础，让这种自学顺利了许多。”半年之后，他用英文撰写的两篇数学论文《有理函数的一个分解公式及其应用》《整数上的移位 Zeta 函数》均发表在《普林斯顿本科生数学杂志》上。

1997—1998 年，我在复旦附中任教班级的学生杜荣，考取华东师范大学数学系本硕连读生。在 2007 年召开的第四届世界华人数学家大会上，他的硕士论文荣获首届新世界数学奖硕士学位银奖（全球金奖 1 名，银奖 5 名）。

我相信，在参加丘奖活动的学生中，一定有很多、更好的科学研究成果已经出现。由于资料所限，我没有将他们所获得的最佳科研成果呈现出来，非常抱歉。

3. 指导学生参加丘赛的体会

我是一位极其幸运的数学教师。从丘赛设立起，我就参与指导学生参加这项赛事，由于培养学生参加丘奖活动，我有机会与国际第一流的数学家、教育家相见，畅谈培养拔尖学生的体会。数学家们对数学的热爱、执着深深感染了我，以下是我指导学生参加丘赛的一些体会。

（1）在数学教学中，指导学生从学会转变为会学，在讲解概念的发生、发展和形成的过程中，激发学生的好奇心和求知欲，使学生对数学产生兴趣。利用妙趣横生的数学名题赏析再现数学探索、研究的过程，感悟到数学中的发现、发明与创新的乐趣。使学生了解数学的发生发展的历史，领悟前人创造知识过程中的思想方法，引导学生利用数学中的类比思想，逐渐养成对问题进行横向和纵向的联想的习惯，从而使学生形成良好的创造意识。

用案例教学法来展示创新的过程。为激发学生对数学的好奇心，向学生展示数学问题的求解思路及研究方法，通过数学研究课，让学生重发现和类比、重推广和证明。如在讲某些数学问题时提出一系列设问：你发现了什么？你能给出一个类似的例子吗？你能用一般公式表示吗？你能对你的发现加以证明吗？注重通过归纳、猜想、证明的模式，引导学生去尝试、去发现规律，形成一般表达式，对发现的规律进行证明，揭示数学的发现与创造的过程。鼓励学有余力的学生阅读数学小丛书或数学杂志，阅读一些微积分初步、初等数论和空间解析几何等方面的书籍。通过广泛的阅读，使学生的知识积累从量变产生质变，会大大地拓展他们的思维空间，产生所要研究问题的灵感。鼓励学生关注和思考身边的数学问题，将实际问题转化为数学模型，用数学的方法解决问题，在解决实际问题的过程中拓展知识视野。

（2）我们可以通过第二课堂或选修课的形式，给学生开设数学思想方法课专题讲座、应用数学专题讲座、数学研究专题讲座。通过讲座，我们可以将最好的科学思想和方法交给学生，使他们能够享受到最好的教育。我们向学生介绍数学课题的选题原则、策略及研究方法，进行写论文方面的辅导。中学生求知欲强，兴趣广泛，他们极具创新思想。他们在阅读、交流、做题的基础上，通过思考，捕捉思维的闪光点，加以联想，撰写成数学论文。在中学有写数学论文经历的学生，他们习惯在解决一道题后，希望把问题推广到更深的层次，得到更多的结果。对于有创意的论文，教师与学生定期交流，督促学生持续研究；并要求学生及时将研究的成果写出来，对学生撰写论文的内容、数学语言的表述、论文的格式等方面进行规范，使学生初步掌握撰写数学论文的基本方法。

（3）鼓励优秀学生参与到数学专题研究中来。数学专题研究有利于学生思考在学校教育没有接触到的前沿性、科学性、综合性的问题。通过深入的研究，学生可以获得创造的乐趣。数学专题研究是培养学生的数学素养和提高他们的数学水平的好方法，可以达到应试型的比赛所不能达到的效果。在这一过程中，学生会感悟到数学课题研究所遇到的各种意想不到的困难。除了与学生及时交流之外，要鼓励学生自己想，他们经过苦思冥想，往往会产生顿悟，得到问题的答案。这种学习方法，实际上是培养一种执着的态度，独立研究的精神。充分挖掘他们的数学潜力和创造才能，如果研究课题中所需要的知识超出了学生的知识结构，而要新的知识作储备，则应鼓励他们自学、教师加以指导。培养学生的自学能力，不断教会学生联想, 启发学生把论文的结果推广到更一般的情形。

通过介绍学长们做数学专题研究的成功经历，使学生有信心、有毅力完成数学专题研究的任务。对于那些对数学专题感兴趣的同学，要多鼓励、多关心、多指导。畅通与学生的联系通道，如电话、电子邮件、手机短信等。对学生的论文内容要与他们一起不断地推敲和修改，培养学生准确、细致的作风以及培养他们大胆表达思想的能力，使学生分享到写数学研究论文所产生的成就感。以培养韩京俊同学为例，我指导他研究数学专题、撰写论文的时间跨度长达 22 个月，我们之间有几十次交流、相互发送了几十封邮件，通了几十个电话 …… 由此可见，培养一个杰出人才，是需要付出艰辛努力的，教师要有责任感和奉献精神。

通过参加丘奖活动，我们看到了学生无穷的智慧和创造能力，还看到学生不怕困难、追求卓越的精神，深深感到数学专题研究能最大限度地激发学生学好数学的潜能。实践证明，经过这种方式培养的学生，其中有一部分在大学本科阶段就能发表高质量的学术论文并被 SCI 或 IEEE 收录。

我为参与丘奖的同学在中学阶段有数学专题研究的宝贵经历而感到由衷的高兴。但愿丘奖能激励他们为攀登科学高峰而不懈追求，非常期待一颗颗璀璨的科学新星冉冉升起，为繁荣科学做出巨大的贡献。

参考文献

[1] 汪杰良. 通往国际科学“奥赛”金牌之路 [M]. 上海：复旦大学出版社，2010.

[2] 汪杰良. 激发学生学好数学的潜能 [M]. 上海：复旦大学出版社，2017.

[3] 汪杰良. 我是怎样指导学生学习和研究的 [M]//卢晓明. 英特尔国际科学和工程大赛活动指南. 上海：上海教育出版社，2001：144−155.

谈谈数学竞赛命题

冷岗松

冷岗松，上海大学教授，博士生导师，主要研究方向为几何分析中的凸体理论。迄今为止，已在 J. Differential Geom., Adv. Math., Trans. Amer. Math. Soc., Math. Z. 等学术期刊上发表论文 80 多篇。曾担任中国数学奥林匹克国家集训队教练组教练、中国数学奥林匹克（CMO）主试委员会委员。

问题是数学的心脏。

命出好的试题，却是数学竞赛活动的关键。

什么样的数学竞赛试题是“好的”呢？数学的评判标准是：它应当是自然的、合理的数学问题；或许，它还应当是优雅的数学问题（视角独特、结构新颖、表述简洁）。因为数学竞赛活动是一种在限定时间和空间下的解题活动，所以我们还需教育的评价标准：它应当是难度适中、入口较宽、起点不太高（要求的背景知识不能太多）、解答不太繁复的轻巧的数学问题。简言之，一道好的中学数学竞赛试题应当是自然、优雅且具有良好教育功能的初等数学问题。

命题中的一个大忌是出陈题或准陈题。所谓陈题，就是国内外已往的数学竞赛试题或中学数学竞赛资料出现过的问题，而准陈题是指形式上稍有改变，但方法和结论本质上是陈题的问题。陈题通常也是好问题，这也是它之所以被反复发现和关注的原因。但陈题最大的坏处是有损公平性，由于它被一部分学生所熟悉，使得考试成绩客观上有“水分”，从而会影响数学竞赛的选拔功能和激励效果。

国内外的各种数学竞赛，包括 IMO 都出现过陈题。这通常在考试结束后被发现，成为命题者的“遗憾的艺术”。要完全杜绝陈题，正像要求数学研究要完全杜绝重复工作一样是不太可能的。然而作为命题者，却要努力避免“陈题之耻”。正因为如此，近些年来，国际上一些有影响的比赛，如 IMO，美国数学奥林匹克（USAMO），俄罗斯数学奥林匹克（Russian MO），都极少出现陈题。

命题过程中一项重要的工作是难度评估。一套数学竞赛试卷一般都要求有容易题、中等题和难题三个档次的问题，在 IMO 和 CMO 等大型比赛中这个比例通常是 $2:2:2$。因此，命题者应对每个可能的预选问题进行难度分析（这时常要你站在学生的角度去考虑）。取舍问题并形成一套试卷时，难度的考量是一个重要因素。IMO 的难度控制一般来说是成功的，这取决于它的选题流程：首先组委会根据各国领队的打分评估，把代数、组合、几何与数论四类预选题的每一类分为简单、中等、难题三档，然后全体领队投票先选出两个简单问题，再投票选出两个难题，最后投票产生两个中等题。

命题还是一项系统工程。一些固定的大型比赛，要一年又一年命出高质量的试题，必须有一支相对固定的高水平的命题队伍。命题成员不但应是某个领域（代数，平面几何，组合与数论）的专家，还应是数学竞赛活动的热爱者，有心人，平时注重问题的积累，并怀谦卑之心主动接触和了解中学数学教学现状，了解自己的服务对象——中学生。纸上得来终觉浅，绝知此事要躬行。

命出新题，命出漂亮的题，命出有理想区分度的题，这是命题者的追求。近十多年来，我有幸参与了 CMO、中国国家集训队选拔考试、中国西部数学竞赛等各项命题工作，体会到了命题工作的紧张、辛苦和无奈（当考试结果大大打破命题者的预期时），深感命题工作是一项要细致、要花费精力和时间的工作。有时命出一个新题，相当于做了一个微型的科研课题。

本文主要介绍笔者命题工作的一些体会。怎样命出一个新题呢？我的常用方法是两种：一种称作“引用型命题方法”，是不折不扣的拿来主义；另一种称作小科研制作方法，是比较耗时耗力的方法。下面通过实例分别予以介绍。

1. 引用型命题法

顾名思义，引用型命题就是从前沿的数学研究论文和专著（不含大学教科书）中选取其中的初等结论（某个引理和定理），将其叙述初等化和趣味化，有时还需稍加改造。这种命题方法的好处是：首先产生的问题一般不是陈题，即新颖性有保证；其次可普及一些现代数学的知识和方法，对开阔学生视野大有裨益；第三个好处是省事、省力，命题者可享受“拿来”的快乐。

遗憾的是，引用型命题时常派不上用场，因为前沿研究论文中可用作考试题的*独立的初等结果*是可遇而不可求的。我有时在美国数学会的数据库中折腾多日，最后还是两手空空。

这里特别要提及的是大学常用的教科书，还有组合数学中 Erdös 的一些著名结果，是不适宜拿来作为正规的数学竞赛试题，实践证明这些结果总有部分中学生熟悉。

下面介绍一些实例。

例 1 2016 年中国西部数学邀请赛中我提供了如下问题：

给定正整数 $n, k, k \leqslant n-1$。设实数集 $\{a_1, a_2, \cdots, a_n\}$ 的任意 k 元子集的元素和的绝对值不超过 1。证明：若 $|a_1| \geqslant 1$，则对 $\forall 2 \leqslant i \leqslant n$ 都有

$$|a_1| + |a_i| \leqslant 2.$$

这个问题是 Trans. Amer. Math. Soc., 368(2016) 上 Konrad J. Snanepoel 的一篇论文中的一个引理。在仔细分析了这个引理的解法及条件的合理性后，我认为它适宜作为中学生竞赛试题。在和西部竞赛命题组人员讨论后，公认这是一道中等偏难的题，于是被放在第 1 天的第 3 题（每天 4 道题，按难度递增顺序排列）。考试结束后统计，参考的 200 多名选手（包括新加坡、哈萨克斯坦及我国香港澳门的选手）共有 32 人基本上做对此题。这说明此题有良好的区分功能，符合我们的难度预期。

对这个问题解答感兴趣的读者可参考华东师范大学出版社“走向 IMO”丛书（2017）。以下实例中的最终试题都略去解答，可对应查阅该丛书。

例 2 2010 年我在罗马尼亚领队赠送的一份资料中见到了陶哲轩（Terence Tao）的一个结论：

设 $A, B \subseteq \mathbb{Z}$ 是有限集，则存在 $X \subseteq \mathbb{Z}$ 满足 $|X| \leqslant \dfrac{|A+B|}{|B|}$ 使得

$$B \subseteq X + A - A,$$

其中 $A+B=\{a+b \mid a \in A, b \in B\}$，$A-B=\{a-b \mid a \in A, b \in B\}$。

我见到这个结果时，正是当年 CMO 举办之前。我正想为 CMO 提供一道简单题。我盯上这个有趣的结论，希望能演化出一个新结果；进行一些尝试后，找到下面的一个突破口。我在 Tao 的结论中取特例：$A=\{-n, -n+1, \cdots, n-1, n\}$（对称集），整数集 $B=\{x_1, x_2, \cdots, x_m\}$，$x_1 < x_2 < \cdots < x_m$，则知存在 $X \subseteq \mathbb{Z}$ 满足

$$|X| \leqslant 1 + \frac{1}{2n+1}(x_m - x_1),$$

使得 $x_i = x + s$，其中 $x \in X, s \in [-2n, 2n]$。

通过研究，我发现对于这个特例，Tao 的结果精确度并不高，其实 s 的范围可缩小为 $[-n, n]$。这样就借用 Tao 的框架产生了一个需要用新方法来解的问题，即 2010 年第 25 届 CMO 的第 4 题（第 2 天考试难度最小的题）：

设 m,n 是给定的大于 1 的整数，$a_1 < a_2 < \cdots < a_m$ 都是整数。证明：存在整数集的一个子集 T，其元素个数

$$|T| \leqslant 1 + \frac{1}{2n+1}(a_m - a_1)$$

且对每个 $i \in \{1,2,\cdots,m\}$ 均有 $t \in T$ 及 $s \in [-n,n]$ 使得 $a_i = t + s$。

考试结束后统计，这个题大约有 $\frac{3}{4}$ 的学生基本做对，稍高于我的预期。这说明我国参加 CMO 的选手基础扎实，确有较高的数学解题能力。

例 3 S. Fajtlowicz 在他的一篇论文（刊于第 9 届 SE 组合议论文集，Graph Theory and Computing（1978））中证明了如下结论：

设 G 是 n 个顶点的简单图，它的最大度为 p，且不包含 q 个顶点的图。若 $p \geqslant q$，则图 G 的最大独立集的元素个数 α 满足

$$\alpha \geqslant \frac{2n}{p+q}.$$

进一步，S. Fajtlowicz 在他的另一篇论文（Combinatorica, 4（1984））中讨论了上述估计等号成立的条件，他证明了：

如果 $q \leqslant p$，则 $\alpha = \frac{2p}{p+q}$ 可推出 $3q - 2p \leqslant 5$。另外，对于满足 $3q_1 - 2p_1 = 5$ 的正整数 p_1 和 q_1，存在一个唯一的连通图 G，使得 $p = p_1$，$q = q_1$ 且 $\alpha = \frac{2n}{p+q}$。

见到这两篇论文后，我们产生了这样一个想法：能否综合这两篇论文的结果，产生一个关于图的最大独立子集的组合极值问题。尝试了一些 n,p,q 的值后，我们决定选取 $n = 30, p = 5, q = 5$，编拟了如下问题：

设 G 是 30 个顶点的简单图，它的每个顶点的度都不超过 5，且 G 的任何 5 点都存在两点没有连边。求 G 的最大独立子集元素个数的最小值。

这个问题的答案是 6。证明部分是不难，但构造部分对我却是一个极大的挑战，因为按照原来文章的方法进行构造，十分冗长，且无法看出几何直观的想法。最后，通过努力，我们终于发现构造方法可用几何语言描述的一个组合模型：即将 G 的 30 个顶点均分成 3 组，任何两组不连边，而每组画成“五棱柱”便可。

有了直观的构造方法就适合作中学生竞赛试题了。为了趣味性，更为了不太熟悉图论的中学生不被题目的形式吓倒，我们将问题叙述作了改变，形成了下面 2015 年第 30 届 CMO 的第 5 题：

某次会议共有 30 人参加，其中每个人至多有 5 个熟人；任意 5 个人中，至少有两人不是熟人。求最大的正整数 k，使得在满足上述条件的 30 个人中总存在 k 个人，两两不是熟人。

在我的记忆中，考试结束后做过粗略的统计，参赛的 300 名选手中，有 60 多人做出此题。这说明此题是一个有良好区分度的较难的问题。

2. 小科研制作法

顾名思义，小科研制作方法就是选择一个有意义的问题（通常是竞赛试题），像做科研一样，通过研究其新的解法，通过改变观察角度，通过反向思维等不断演化出新问题。这种命题方法可大致图示如下：

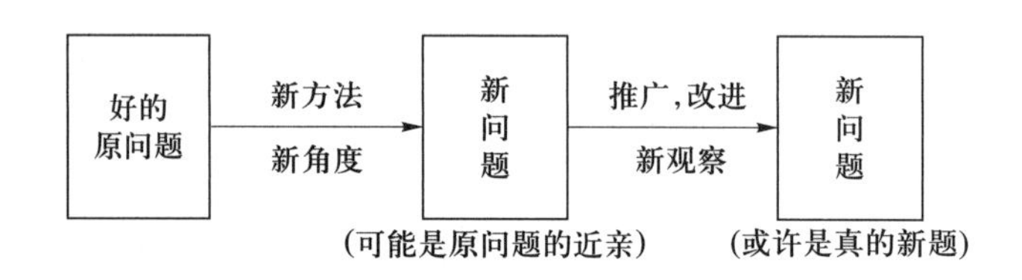

这种命题方法要谨防你导出的问题是近亲（方法本质上相同），因此你必须走得更远一些。这种命题方法相当于命题者做了一次小科研课题。

下面列举几个实例，每个实例冠以小科研课题之名。

例 4 寻找等腰梯形

2007 年在越南举办的第 47 届 IMO 上，白俄罗斯领队赠送了一份资料，上面有白俄罗斯三个年级（层次 C, B, A）的三个问题：

问题 1 将圆上的每一个点染成红色或蓝色，每点染且仅染 1 色。

（1）是否一定存在顶点同色的等边三角形？

（2）证明：一定存在顶点同色的等腰三角形。

解 （1）答案是否定的，这只要将一个半圆染红，另一个半圆染蓝，便知不存在顶点同色的等边三角形。

（2）考虑圆的内接正五边形，易知它的五个顶点中，至少有三个同色。而另一方面，正五边形中的任何三个顶点都组成一个等腰三角形，因此结论成立。 □

问题 2 将圆上的每一个点染成红色或蓝色，每点染且仅染 1 色。

（1）是否一定存在一个顶点同色的内接矩形？

（2）是否一定存在一个顶点同色的内接梯形？

（1）的答案是否定的，只要将两个半圆分别染两种不同的颜色便知，这时不存在顶点同色的内接矩形。白俄罗斯领队赠送的单行本没有直接给出（2）

的解答，而指出（2）是下面问题 3 的特殊情况。

问题 3　将圆上的每一个点染成 N 种颜色中的一种，且每点仅染 1 色。证明一定存在一个顶点同色的等腰梯形。

下面的解 1 是标准答案。

解 1　设圆上依次的 $N+1$ 个点为 $A_1, A_2, \cdots, A_{N+1}$，如果它们满足弧的长度都等于某一个独立于 N 的常数 $a>0$，则称这 $N+1$ 个点是“一段”(a block)。现在于半圆周上依次选取 N^2+1 个这样的段并使之两两不相交（只要 a 充分小，这总是可以实现的）。注意到每一段中都有同色的两个点，设这两个同色点的颜色是 C，它们间的弧距是 l，这样每一段都联系一个数对 (C, l)，由于 C, l 有且仅有 N 个不同的取值，因此由抽屉原理便知这 N^2+1 段中必有两段有相同的数对 (C_1, l_1)，于是这两段中对应的同色的四点便构成一个等腰梯形。 □

上述解 1 的一个高明之处就是在半圆周上取 N^2+1 个这样的段，从而找到的同色的有边平行的四边形一定是等腰梯形而不是矩形。

问题 3 能否有一个新的更适合中学生的解法呢？这就产生了下面的解 2。

解 2　考虑一个正奇数 $KN+1$ 边形的顶点（其中 K 是待定的偶数），由抽屉原理知这些顶点中必有 $K+1$ 个同色，而这 $K+1$ 个同色点构成的弧距有 C_{k+1}^2 个值，但是正 $KN+1$ 边形的顶点产生 $\dfrac{KN}{2}$ 个不同的弧距，因此当 K 满足

$$C_{k+1}^2 > 2 \cdot \frac{KN}{2}$$

时，即取 $K>2N-1$ 时，便可找到三个端点同色的弧且弧距相等，从而必有两个没有公共端点的同色弧，其长度是相等的。因为正奇数边形的对角线都不过圆心，所以这对应的四个顶点构成一个同色的等腰梯形的顶点。 □

有了新解法，再揣摩一下问题 3 的背景，便有了下面的体会：著名的范德瓦尔登（van der Waerden）定理可叙述为：对任意给定的正整数 N 和 l，存在 $W(l, N)$，使得当 $n > W(l, N)$ 时，集合 $\{1, 2, \cdots, n\}$ 能被 N 染色后，一定存在 l 项的等差数列。（范德瓦尔登定理还有另一个较粗略但也常用的版本：将整数集染有限种颜色，一定存在同色的任意长的等差数列。）本问题实质上就是范德瓦尔登定理的一个特例。事实上，对给定的 N 和 4，取 $W(4, N)$，将半圆周 $W(4, N)$ 等分，并将等分点依次标上数 $1, 2, \cdots, W(4, N)$，则必存在一个长度为 4 的同色的等差数列，它对应的四点构成同色的等腰梯形。

问题 3 有显赫的背景，加强了我们制作一个新问题的动机!

现进行新的观察与思考，品味一下问题 1(2) 和问题 3 的第二种解答，前

者是在正奇数边形中找非等边的等腰三角形，后者是在正奇数边形的顶点中找同色的等腰梯形。这诱发我们提出了下面的问题：

问题 4 求 n 的最小值，使得将一个正奇数 n 边形的顶点两染色后，一定存在顶点同色的等腰梯形。

解 显然，当 $n \leqslant 7$ 时，将其中 4 个不构成梯形的点染红色，其余 3 个点染蓝色，则不存在同色梯形，所以 $n \geqslant 9$。

当 $n = 9$ 时，我们证明 2-色正 9 边形必存在同色梯形。

由抽屉原理，必有 5 个点同色，设为红色。对正 9 边形任何两个顶点 A, B，连 AB，考察劣弧 AB，如果劣弧 AB 上包含正 9 边形的 $r-1$ $(r = 1, 2, 3, 4)$ 个顶点，则称劣弧 AB 的跨度为 r。5 个红色点有 $C_5^2 = 10$ 种跨度，但只有 4 种不同的跨度，必有 $\left[\dfrac{10}{4}\right] + 1 = 3$ 种跨度相同。

如果这 3 种相同跨度对应的点不构成正三角形，则必有红色梯形；如果这 3 种相同跨度对应的点构成正三角形，则其跨度为 3，不妨设 3 个红顶点为 1，4，7。此外，至少还有 2 个红点，每个红点都与 1，4，7 三点之一构成跨度为 1 的劣弧，产生腰长为 1 的红色等腰梯形。

综上所述，n 的最小值为 9。 □

这是一个难度较小的问题。为了增大难度，还必须走得更远。我们进一步考虑正奇数边形三染色的类似问题：

问题 5 求 n 的最小值，使得一个正奇数 n 边形的顶点三染色后，一定存在顶点同色的等腰梯形。

增加一种颜色，论证难度有增加，而构造的难度却是大大提升（原问题 3 中是没有构造要求的）。

这是一个难度较大的问题了。通过努力，我们发现正 15 边形有反例，所求的最小值为 17。

还须再进一步。前面我们的着眼点都在正奇数边形上，因为我们认为正奇数边形中找同色的等腰梯形更容易，而正偶数边形可能存在同色的矩形。后来仔细一考虑，这恰恰是一个很有意思的现象。于是我们研究了正 16 边形和正 18 边形的情况，发现这两种均有反例。正 18 边形的反例无意中使对一般正多边形相应问题的研究增设了一个“陷阱”：肯定有人从 $n = 18$ 的反例而猜测 $n = 19$ 是所求的最小值。于是，2008 年第 23 届 CMO 的第 5 题便产生了，可叙述为：

问题 6 求具有如下性质的最小正整数 n：将正 n 边形的每一个顶点任

意染上红、黄、蓝三种颜色之一，那么这 n 个顶点中一定存在四个同色点，它们是一个等腰梯形的顶点。

当然还可提出四染色的相关问题，但这已太繁琐了，我们当然不感兴趣了。

现大致可记得，考试结束后统计，此题大概有 $\frac{1}{4}$ 的学生基本做对，是一个很有区分度的中等偏难的问题。

例 5　长为 n 的凸序列

20 世纪 90 年代，美国国家队集训时曾用到下面的问题：

问题 1　将 $1,2,\cdots,\frac{n(n^2-2n+3)}{2}$ $(n \geqslant 2)$ 的每一个正整数染红、蓝两色之一。证明：一定存在同色的 n 项数列 $a_1<a_2<\cdots<a_n$ 满足 $a_2-a_1 \leqslant a_3-a_2 \leqslant \cdots \leqslant a_n-a_{n-1}$。

这个问题的解答是用加强的归纳法。

解　记 $S_n=\frac{n\left(n^2-2n+3\right)}{2}$。若一个序列 $a_1<a_2<\cdots<a_n$ 满足

$$a_2-a_1 \leqslant a_3-a_2 \leqslant \cdots \leqslant a_n-a_{n-1} \leqslant m,$$

则称它是 n 项的 m-序列。

我用归纳法证明更强的命题：$\{1,2,\cdots,S_n\}$ 两染色后，一定包含一个同色的 n 项的 $3\binom{n}{2}$-序列。

事实上，当 $n=2$ 时，结论是平凡的。

假设当 $\{1,2,\cdots,S_n\}$ 两染色后，存在一个红的 n 项的 $3\binom{n}{2}$-序列 $a_1,a_2,\cdots,a_n(a_n<S_n)$。注意到

$$S_{n+1}-S_n=3\binom{n}{2}+\binom{n}{1}+1,$$

考虑下面的 $n+1$ 个数：

$$a_n+3\binom{n}{2},a_n+3\binom{n}{2}+1,\cdots,a_n+3\binom{n}{2}+n,$$

其中

$$a_n+3\binom{n}{2}+n<S_n+3\binom{n}{2}+\binom{n}{1}+1=S_{n+1}.$$

如果它们中的所有项都是蓝色，则我们得到一个蓝色的 $n+1$ 项的 1-序列，结论成立。否则，它们中至少有一项，不妨设为 $a_n+3\binom{n}{2}+k\ (0\leqslant k\leqslant n)$ 是红色，令 $a_{n+1}=a_n+3\binom{n}{2}+k$，则

$$a_{n+1}-a_n=3\binom{n}{2}+k=3\binom{n+1}{2}-3\binom{n}{1}+k\leqslant 3\binom{n+1}{2}.$$

这样我们得到了一个红色的 $n+1$ 项的 $3\binom{n+1}{2}$-序列。这就完成了归纳证明。 □

上面问题实际上说明将 $1,2,\cdots,\dfrac{n(n^2-2n+3)}{2}$ 两染色后，一定存在 n 项的同色凸数列。这是一个非常有趣的问题，这类问题在组合数学的研究前沿中也经常出现。那么一个自然的问题是：$\dfrac{n(n^2-2n+3)}{2}$ 是否可变得更小？即我们着手研究下面的问题：

求最小的正整数 $f(n)$，使得 $1,2,\cdots,f(n)$ 两染色后，一定存在 n 项的同色的凸数列。

随后，我们首先集中研究问题 1 的各种解法，希望能改进这个上界。我们也确实找到了一些方法，能把上界变得更小，但改进的上界是三次表示式的系数，而无法降低 n 的幂次。经过多次尝试无望后，这项研究便陷入停顿。

但有一天，一个直观而朴素的想法使我产生了一个反例，能说明上界不能是 n^2-n。

事实上，我们对等地两染色，即染红、蓝各一个，然后染红两个，染蓝两个，再染红三个，染蓝三个，⋯⋯，交替下去，最后，将红染 $n-1$ 个后，再将蓝染 $n-1$ 个。对于这样的染色方法，$\{1,2,\cdots,n^2-n\}$ 个数中当然不存在同色的长为 n 的凸数列（跨度与凸性矛盾）。

有了这个反例，现在我们可大胆猜测这个最小的 $f(n)=n^2-n+1$。遗憾的是，这个猜测至今未能找到一个证明。然而，上述反例足够产生一个有趣的中等难度的竞赛问题了，这就是下面的问题 2：

问题 2 将 $1,2,\cdots,n^2-n\ (n\geqslant 2)$ 这 n^2-n 个数染成红、蓝两色之一。证明：存在一种染色方法使得不存在同色的 n 个数 $a_1<a_2<\cdots<a_n$ 满足 $a_k\leqslant\dfrac{a_{k-1}+a_{k+1}}{2}\ (k=2,3,\cdots,n-1)$。

问题 2 与原问题相比，要求设计一种特殊的染色方法，这完全是新的问题了。问题 2 可用集合分类的语言重新表述，这就是 2008 年第 23 届 CMO

的第 2 题，即下面的问题 3：

问题 3 给定正整数 $n \geqslant 3$。证明：集合 $X = \{1, 2, \cdots, n^2 - n\}$ 能写成两个不相交的非空子集的并，使得每一个子集均不包含 n 个元素 $a_1 < a_2 < \cdots < a_n$ 满足 $a_k \leqslant \frac{a_{k-1} + a_{k+1}}{2}$ $(k = 2, 3, \cdots, n-1)$。

现大致可记得，考试结束后统计，此题大约有 $\frac{1}{3}$ 的学生基本做对，是一道有很好区分度的中等难度的问题。

例 6 3 个交非空的集合

先看罗马尼亚 2004 年国家队的一道选拔试题：

问题 1 设 $n > 1$ 是一个正整数，X 是一个 n 元集。$A_1, A_2, \cdots, A_{101}$ 是 X 的子集使得它们中任意 50 个的并的元素个数多于 $\frac{50}{51}n$。证明：给出的这 101 个子集中一定存在 3 个使得任意两个有非空的交。

下面是这个问题的标准解答：

解 用图论的术语，考虑以 $A_1, A_2, \cdots, A_{101}$ 为顶点的图 G。如果两个集合的交非空，则在这两个顶点中连一条边。问题转化为证明图 G 中一定存在三角形。

如果图 G 中不存在三角形，则它至少有 51 个顶点，其中每个顶点的度数最多为 50。事实上，如果图 G 中度数最多为 50 的顶点最多有 50 个，则存在 51 个顶点，其中每个顶点的度数最少为 51，因此，它们中必有两个顶点有边相连，不妨设为 A 和 B。因为 A 和 B 与剩下的 99 个顶点的 50 个顶点中的每一个都有边相连，所以存在顶点 C 与 A, B 都有边相连，这样我们便得到了一个三角形 ABC，矛盾！

现设 $A_1, A_2, \cdots, A_{51}$ 就是度数最多为 50 的这 51 个点，则每个 A_i $(1 \leqslant i \leqslant 51)$ 至多与 50 个子集有公共元，至少与另外 50 个子集没有公共元，因此存在 50 个子集使得 A_i 包含在它们并集的补集中。又因任意 50 个子集之并的元素个数多于 $\frac{50}{51}n$，所以 A_i 少于 $\frac{1}{51}n$ 个元素，从而

$$|A_1 \cup A_2 \cup \cdots \cup A_{50}| < |A_1| + |A_2| + \cdots + |A_{50}| < \frac{50}{51}n,$$

矛盾。这就说明这 101 个集合中一定有 3 个两两的交非空。 □

上面解法的思路是十分有趣的，它需发现每个 A_i 必包含在某 50 个子集的并的补集中。但我们从计数的角度重新研究这个问题，发现结论可更强。这就有：

问题 2 设 $n>1$ 是一个正整数，X 是一个 n 元集。$A_1, A_2, \cdots, A_{101}$ 是 X 的子集使得它们中任意 50 个的并的元素个数多于 $\frac{50}{51}n$。证明：给出的这 101 个子集中一定存在交非空的 3 个集合。

解 用反证法。若 $A_1, A_2, \cdots, A_{101}$ 中任意 3 个集合的交是空集，则

$$\sum_{1\leqslant i<j<k\leqslant 101} |A_i \cap A_j \cap A_k| = 0.$$

由容斥原理知

$$n \geqslant \left|\bigcup_{i=1}^{101} A_i\right| = \sum_{i=1}^{101}|A_i| - \sum_{1\leqslant i<j\leqslant 101}|A_i \cap A_j|. \tag{1}$$

不妨设 $|A_{101}|$ 最大，这时由条件

$$\sum_{i=1}^{50}|A_i| \geqslant \left|\bigcup_{i=1}^{50} A_i\right| > \frac{50}{51}n,$$
$$\sum_{i=51}^{100}|A_i| \geqslant \left|\bigcup_{i=51}^{100} A_i\right| > \frac{50}{51}n$$

可得

$$\sum_{i=1}^{101}|A_i| > \frac{101}{100}\sum_{i=1}^{100}|A_i| > \frac{101}{100} \times \frac{100}{51}n = \frac{101}{51}n. \tag{2}$$

由 (1)，(2) 便有

$$\sum_{1\leqslant i<j\leqslant 101}|A_i \cap A_j| > \sum_{i=1}^{101}|A_i| - n > \left(\frac{101}{51} - 1\right)n = \frac{50}{51}n. \tag{3}$$

另一方面，对任意的 $\{k_1, k_2, \cdots, k_{50}\} \subset \{1, 2, \cdots, 101\}$，由容斥原理有

$$\frac{50}{51}n < \left|\sum_{i=1}^{50} A_{k_i}\right| = \sum_{i=1}^{50}|A_{k_i}| - \sum_{1\leqslant i<j\leqslant 50}|A_{k_i} \cap A_{k_j}|,$$

对 $\{1, 2, \cdots, 101\}$ 的任一 50 元子集都有这样的不等式，因此这样的不等式共有 C_{101}^{50} 个。将这些不等式都相加便得

$$\frac{50}{51}n \cdot C_{101}^{50} < C_{100}^{49} \cdot \sum_{i=1}^{101}|A_i| - C_{99}^{48}\sum_{1\leqslant i<j\leqslant 100}|A_i \cap A_j|. \tag{4}$$

又注意到 X 中的任一元素至多属于 $A_1, A_2, \cdots, A_{101}$ 中的两个，所以

$$\sum_{i=1}^{101}|A_i| \leqslant 2n. \tag{5}$$

这样由 (4)，(5) 便得

$$\begin{aligned}\sum_{1\leqslant i<j\leqslant 100}|A_i\cap A_j|<&\frac{C_{100}^{49}}{C_{99}^{48}}\cdot 2n-\frac{C_{101}^{50}}{C_{99}^{48}}\cdot\frac{50}{51}n\\ =&\left(\frac{200}{49}-\frac{100\times 101}{49\times 51}\right)n\\ =&\frac{100}{49}\cdot\frac{1}{51}n.\end{aligned}\tag{6}$$

故由 (3)，(6) 立得

$$\frac{100}{49}\cdot\frac{1}{51}n>\frac{50}{51}n,$$

即 $100>49\times 50$，矛盾！ □

上面解法的一个特点是用容斥原理。特别是对 $\{1,2,\cdots,101\}$ 的任一子集采取用容斥原理、再累加的方法，本质上是“求平均”的想法，这是一种模式化的手段（这种手段时常是有效的）。

上面的问题是新方法产生的新结论，但感觉到和原问题还是“近亲”。还需要作进一步的思考，换一个角度来观察。我们首先聚焦在条件上，条件 $\frac{50}{51}n$ 似乎不是最优的。通过尝试后，我们认为对一般的 n，似乎不可能找到这样的最优值。退一步，能否对较小的特殊的 n 找到这样的最优值？这样可增加对组合构造能力的考查。通过反复琢磨，我们产生了下面的问题：

问题 3 设 $|X|=16$，对 X 的任何 8 个子集，只要它们任何 4 个的并不少于 n 个元素，则这 8 个子集中一定存在其交非空的 3 个集合，求 n 的最小值。

解 $n_{\min}=13$。

首先证明 $n=13$ 合乎要求。用反证法。假设存在 X 的 8 个子集，它们中任何 4 个的并不少于 13 个元素，而任何 3 个的交都为空集，则对这 8 个子集的任何 4-子集组都对应 X 的 13 个元素，一共至少对应 $13C_8^4$ 个元素。另一方面，每个元素至多属于 2 个子集，从而上述计数中每个元素至多被计算 $(C_8^4-C_6^4)$ 次，于是，$13C_8^4\leqslant 16\left(C_8^4-C_6^4\right)$，即 $16C_6^4\leqslant 3C_8^4$，矛盾。

其次证明 $n\geqslant 13$。用反证法。假设 $n\leqslant 12$，设 $X=\{1,2,\cdots,16\}$，令

$$A_i=\{4i-3,4i-2,4i-1,4i\}\quad(i=1,2,3,4),$$

$$B_i=\{j,j+4,j+8,j+12\}\quad(j=1,2,3,4).$$

显然，其中任何 3 个子集的交为空集。此外，

$$|A_i \cap A_j| = 0 \quad (1 \leqslant i < j \leqslant 4),$$
$$|B_i \cap B_j| = 0 \quad (1 \leqslant i < j \leqslant 4),$$
$$|A_i \cap B_j| = 0 \quad (1 \leqslant i, j \leqslant 4),$$

于是，对其中任何 4 个子集：P, Q, R, S，如果其中有 3 个同时为 A_i（或同时为 B_j），则这 3 个的并有 $12 \geqslant n$ 个元素，但任何 3 个子集的交为空集，矛盾。如果其中有 2 个为 A_i，另 2 个为 B_i，则由容斥原理，

$$|P \cup Q \cup R \cup S| = |P| + |Q| + |R| + |S| - 2 \times 2 = 16 - 4 = 12 \geqslant n,$$

但任何 3 个子集的交为空集，矛盾。

综上所述，n 的最小值为 13。 □

问题 3 比问题 1 和问题 2 多了构造部分，因为说明最优值需要构造，而构造能力的考查是特别重要的。

比问题 3 稍微难的版本是下面的问题 4：

问题 4 设 $|X| = 30$，对 X 的任何 11 个子集，只要它们任何 5 个的并不少于 n 个元素，则这 11 个子集中一定存在其交非空的 3 个集合，求 n 的最小值。

答案是 22，解略。

问题 3 和问题 4 是很好的问题，但论证部分还是直接求平均的模式，我们希望将论证部分转化为必须**先优化再求平均**的模式。（实际上，我们经常使用的评分法则“去掉一个最低分和一个最高分，再求平均”是更好的求平均方法。）这样，我们最终产生了 2006 年第 21 届 CMO 的第 6 题：

问题 5 设 $|X| = 56$，对 X 的任何 15 个子集，只要它们任何 7 个的并不少于 n 个元素，则这 15 个子集中一定存在其交非空的 3 个集合，求 n 的最小值。

这个问题的答案是 41。如果对 15 个子集求平均处理，只能证出 42 合乎要求。因此必须先优化处理，找出一个元素个数最多的子集（它的元素个数至少有 8 个），去掉它，然后再求平均才能达到目标。

现在记得考试结束后统计，当年 150 多名选手中，这题有 10 位同学完整做出，是一道难题。这个问题在当年台湾九章书店举办的一个最佳题评选活动（参赛选手投票）中被评为最佳问题。

致谢 感谢熊斌教授邀请写作此文，并提出宝贵的修改意见和建议。

奥数与奥数热之我见

田廷彦

田廷彦，1972 年 11 月出生。中学时参加数学竞赛多次获一等奖（包括 1990 年全国高中联赛一等奖），曾是上海中学第一届数学班成员。1991 年进入上海交通大学应用数学系学习，现任职于世纪出版集团科技出版社科学部，长期从事数学专著出版和数学教育工作。擅长几何，爱好科普，曾在国内外杂志上发表多篇论文，亦在《中国数学会通讯》《中华读书报》等报刊上发表过文章。著作方面单独完成的有《三角与几何》《面积与面积方法》《诡谲数学》《组合几何》《圆》等；合著的有《数论开篇》《国际数学奥林匹克研究》《课堂上听不到的数学传奇》《力量》《十万个为什么（数学卷）》（第六版）等。

在今天，当你用百度搜索“奥数”一词时，会出现几千万条结果，未来也许还将突破一亿大关；而就在大约 20 年前，奥数这个词还没有发明出来；对于业内人士来说，奥数就是数学奥林匹克、后来还称为奥林匹克数学。它曾一直是小圈子里喜欢并擅长数学的师生的“游戏”，现在则成为大家关注的热词，影响着千千万万中国家庭，经久不衰。

我本人参加数学奥林匹克，从初一到高三贯穿了整个中学生涯，大约不下 20 次比赛，也得到过高名次（比如高联一等奖或上海的前几名）。那是在 20 世纪 80 年代，全班几乎只有我一人参加，即使同年级的不过也就四五人而已；但只要有那么几个同学在一起讨论，也没那么多功利性，就知足矣。尤其在初中，周六下午一放学，大家都比较慵懒，我有时就去少科站听听课。少科站离学校不远，也坐落在一个闹中取静的好地方。在那里还会遇到一些外校的同学。记得要走过一小段废弃的铁路，别有意味，还常伴有天高气爽，那段岁月真是无限美好。高中时，我继续参加奥数，在数学学校和上中学习，很自然地，开始感到有压力了。大学毕业后，我利用业余时间当了奥数老师，先是在母校，后来还到机构里，已干了 20 余年，甚至教到过几位 IMO 金牌选手。对于奥数与奥数热，我的感觉是：熟悉，而又复杂。

奥数热有两个阶段，大约 1998 年开始热起来，十年后的 2008 年就变得炙手，至今不降温。对此我完全没有预料到。在我参加高考的 1991 年，文科远比理科吃香；从上海交大数学系毕业时，数学系几乎没人愿读，很多人早已转了系。1995—1998 年上课近乎是惨淡经营，学生人数减少，来者多半也不认真听讲。我曾怀疑自己准备的讲义还能用几次；而当年那些比我牛的人早就离开了数学领域。然而过不了几年，也就是 1998 年左右，数学成了最热门的专业之一，而奥数也一跃成为一个人人关心的话题。

下面，就来谈一谈本人的体会，凡是提到“奥数热”，指的都是“中国式的奥数热”（尤以小学奥数为主）。

数学与奥林匹克的结缘

数学与奥林匹克竞赛的结缘，其基础首先是普通数学与教育的结缘。众所周知，数学在近现代教育中所占据的比重是很大的；即使在古希腊，数学同样受到重视（七艺中有逻辑、算术、几何），被认为是锻炼思维、认识宇宙的钥匙（算学在中国古代排六艺之末，不过总算也有它的位置）。为什么数学在教育中的地位如此重要？赫拉利在《人类简史》中有过初步探讨。他认为，不管你喜不喜欢，数学式思维是世界范围内的趋势（数学能给世界提供更为精准的规范，而不是定性的、模糊的传统思维方式）。而盖伊在《启蒙时代》中详细阐述了启蒙时代如何提倡科学价值观，数理教育也开始占据重要位置。蔡元培觉察到这股潮流，于是主张废除经学进入中小学教育（但他提倡的美学没有得到足够重视）。如今，大科学家画像在各所学校随处可见。就在去年，经合组织发布消息说：所有学生都应接触复杂的数学问题。一个重要的非数学家群体重视数学教育，比数学家重视更有说服力。几百年来，教育的变化不可谓不大，尽管个中原因十分复杂，我们不去深究，无论如何有一点是肯定的：正是由于基础数学教育的比重很大，所以才有了催生奥林匹克数学的肥沃土壤。

现代意义下的数学奥林匹克，如果从 1894 年匈牙利竞赛开始，也已经有 100 多年历史了（比现代奥运会的开展还早两年），几乎与现代意义下的中国普通数学教育史差不多长！今天人们已很难相信，在幼儿园就接触的十进制阿拉伯记数法，在中国大地上流传的时间也不过就 100 多年而已。

关于奥数的简短历史，即使并非众所周知，也不难查到，故不再多提。不过几件标志性事件还是要提一下。一是苏联在 20 世纪 30 年代开始举办奥数，美国则几乎同时开始举办普特南大学生数学竞赛。苏联把数学竞赛比喻为“思维的体操”，这成为“数学奥林匹克”一词的由来（后来我们就简称奥数）。奥数确实需要一些特别的技巧和机智。相比之下，物理和化学奥林匹克尽管也不容易，但多少有点大学内容下放的味道。苏联和东欧几个国家以及美国为何如此重视数学教育，不难想到，他们看出数学对于现代科技的重要意义，在战略和军事中发挥的积极作用。

1959 年，第一届国际数学奥林匹克（IMO）开始举办，当时就几个东欧小国及苏联参加，而在今天则有 100 个左右的国家和地区参加。中国正式参加 IMO 是 1986 年，30 多年来极其优异的成绩也是有目共睹，这也不用多提。

IMO比赛现场

必须指出的是，IMO 的初衷是为了发现数学人才，这也确实部分达到了它的目的：有很多菲尔兹奖获得者曾经是 IMO 的优胜者，可惜的是目前仅集中于外国人。不过，对于这件事仍是有很多争议，比如说当今最顶尖的大师怀尔斯、法尔廷斯、德利涅等，未听说他们有参加 IMO 的经历，威顿原先还是学文科的。这是因为在他们读中学时 IMO 的规模很小，他们或许根本不知道；年轻一代杰出数学家中确实有很多 IMO 优胜者，如佩雷尔曼、陶哲轩、吴宝珠、米尔扎哈尼、舒尔茨等，那是因为当时 IMO 的网已撒得很大。因此，我们只能说数学竞赛与数学家有相关性，不能说成是必然。

即使如此，IMO 还是值得肯定的。我曾与别的老师探讨过，奥数与数学家的相关性，比起物理竞赛与物理学家、作文比赛与文学家等，还算是比较强的。在第二次世界大战和冷战时期，数学和物理学必然会受到重视，每个大国都会积极培养最优秀的数学家、物理学家，这些科学家也往往受到人们的极大尊重；而在今天这个和平与发展唱主旋律的时代，就不一定是最聪明的人都乐意去搞数学和其他科学了，科学家的地位也随之下降；尤其是随着学科的发展，遗留的问题也是越来越难，IMO 用来发现、吸引一些数学人才，似乎也有此必要。

奥数的特点和难度

在谈及奥数热之前，我们先来谈一谈奥数本身。

早期的 IMO 还有一些立体几何与作图题，后来就销声匿迹了。现在的奥数，主题是四大板块：代数、数论、组合与几何。其中，代数注重的是方程、不等式和函数，多项式、复数等一般不过多涉及；函数方程只有到国家集训队乃至 IMO 级别的竞赛才出现。几何就是指平面几何，当然允许用解析几何、复数、向量和三角函数方法。

这四大板块各有特色，大致形象地说：做几何像玩厨艺，做组合像变魔术，做数论像探案子，做代数像走迷宫。几何是个大拼盘，各种定理、命题像是菜肴、调料，组合出不同凡响的结果。组合最邪门，最“不按常理出牌”，但关键步骤却只有一两步。数论，常常用各种手段，缩小范围，锁定“犯罪嫌疑人”（有限范围内的整数有限），然后逐一检验。代数，特别是不等式，就是不断地试错，像走迷宫似的。

要把组合和数论比喻成漫画也是恰当的。漫画就是舍弃细节，抽取最本质的部分；魔术则是制造无用的细节，以掩盖本质。两者都在于那个所谓的本质。数论，特别是组合，就是用各种条件迷惑你，使你转移视线，然后就出奇迹。有时你甚至知道自己被转移视线了，也无法知道“本质”在哪里，而全部花样就在于那个本质。

有人说，要看一个人在数学上是不是聪明，就要看他是否长了一颗组合的脑袋。解组合题，就需要那种在错综复杂关系中寻找到本质的本事，一种灵光乍现、灵机一动的本事。不能说只有组合数学才是数学，但在奥数中，只有组合才是“最奥数”的。

如果说组合问题有什么缺陷的话，那就是一题多解少，难成体系，而这恰恰是数学研究的忌讳。在 IMO 中，组合与函数方程受到青睐，但在数学研究前沿还不是最受重视的。所以，如果一个人抱定要从事数学的话，那就不仅希望他长了一颗组合的脑袋，还要有一颗“超越组合”的心。

与很多人想象的不同，奥数问题，按照难度区分，多数其实还不算太难，当然毕竟需要一点思考，不是那种一目了然的送分题；少数题是难题（最多两成），这些难题也分三类：一类是知识不到位所致（我把这些不了解的知识称为“暗信息”）；一类是一时想不到、但时间长了就有可能想到；还有一类是真的匪夷所思（体现了命题者的功力）。

一般而言，几何问题多半属前两类，而最后一类以组合、数论题为多。

鼓吹奥数难的人毫无道理，除了“顶级奥数”——国家集训队和 IMO 级别的——之外，如果奥数也难，我们何以去玩转魔方、“王者荣耀”乃至棋牌呢？文科也不简单啊，人际关系如何又好处理呢？所以，对于一个普通人来说，只要不是弱智，集训队之下的奥数乃至普通的学校数学绝无难处，至多是一点小难度，要是这也感到很困难，肯定是非智力因素如贪玩、厌学等，导致基础受到影响，最后积重难返，逢人说难。这类人群一多，他们就会不约而同地把所有的原因都推到数学难上，好像自己主观不努力不是主要原因似的。把主观因素推给客观，是很多国人的惯用伎俩。

奥数的技术含量

技术含量与难度是两个不同的东西。

就难度来说，获得奥运金牌、IMO 金牌、围棋象棋冠军、乃至参加“出彩中国人”“挑战不可能”的某些节目并获胜的难度相当，其实诺贝尔奖、菲尔兹奖的工作也差不多难度，都可谓是人类事务的最高难度。

但技术含量还是差很多的。

奥运比赛、“出彩中国人”“挑战不可能”具有低技术含量，唯有其技术含量低，才具有观赏性，观赏性的基础是感性而不是理性。技术含量一高，抽象程度就提高了，观赏性就大为降低。

“中国诗词大会”比的是大家对诗词的记忆和理解，能够拔得头筹也不易，但其技术含量也是低的，如果要求大家当场写一些高水平的诗词，这个技术含量就高了，至少是中等技术含量水平，估计是没几个人能做到，所以没有这类节目。写严肃文学作品绝不仅仅是感性思维，比如需要诗词格律，还有对文史知识的了解，不是谁随随便便就能写的。

还有很多唱歌节目，若有一副好嗓子，也不怯场，就可以去表演。不过，没有一个人能即兴填词作曲，即便是才华横溢如阎肃和许镜清也难以做到吧。

围棋象棋和奥数具有中等程度的技术含量，只有小众感兴趣。我个人以为，初等数学和顶级奥数的技术含量比棋类还是要高一点（计算机支持这一点）；当然，初等数学在古代技术含量是最高的。

诺贝尔奖、菲尔兹奖的工作比如量子力学、代数几何、超弦理论等，无疑具有最高等的技术含量，曲高和寡，搞这一行的，只有小小众了。

需要强调的是，难度与技术含量没有正比关系，只能说技术含量是难度的充分条件，不是充要条件。技术含量高的事难度肯定大，反之则未必。所以，大数学家不会做小学奥数题很正常。

对规范非设定性思维的要求

我教过不少学生，发现有的人不可谓不聪明，但就不适合奥数，他们给我的感觉是更适合一些工程技术即需要动手的活。科学节目“加油！向未来”颇具启发性，这种动手游戏需要的智慧也与奥数有很大差别。（当然撒贝宁主持得也棒，这又是另一种能力——表达能力。）

中学奥数范围内的数学问题都是规范问题，绝大多数数学研究也是如此；而动手做或生活中的问题，有很多是非规范问题，如名侦探柯南断案，著名的寓言故事乌鸦喝水也是。但这绝不意味着数学是容易的。恰恰相反的是，数学是一门非常特殊、甚至独一无二的学科，它确实包含一些机械过程，如四则运算，台式计算器就能完成，无论多复杂的运算，人脑去做的话，只是一个时间问题，我把它称作“规范设定性”，所以速算大赛不会很受关注；但是数学的真正魅力在于“规范非设定性”，即：即使弄清楚其中的原理、知识和所有方法，还是有大量棘手的问题。平面几何就是个典型例子，任何一个成绩比较好的初中生，都能理解所有几何题的解答过程，但要他们凭空想出一个解答却往往并不容易。动手做的问题中，有很多属于“非规范设定性”问题，设定性保证了只要弄清楚原理，在正确的操作下，能保证有什么样的输入，就有什么样的输出。例如航模，只要知道电磁波的原理就可以了，空气动力学也几乎不需要，但在搞清楚电磁波的原理之前，一切免谈。所以，自然科学家关心的都是原理，像有的物理题，如斜坡上放一个滑块、后跟个圆柱，或把几根弹簧串联起来，或搞个复杂的滑轮组或电路，显然这些都不是物理学家关心的问题——尽管它们对物理学家来说也不见得容易。有人会问，初等数学难题不也是数学家不屑的吗？这里还有个差别。数学问题由于大量使用不等式，出现了“非设定性”，而物理竞赛只要定律齐全，就成了解方程（组），几乎不使用不等式，“非设定性”不强，而且几乎成了设定性数学题，所以物理竞赛对于培养物理学家来说意义更小一点。可以去调查一下，相信得过奥数金牌的选手后来成了优秀数学家的，一定比得过奥物金牌的物理学家多。奥数的很多思维模式对于数学研究也有益，而中学奥物关心的经典物理体系跟现代物理前沿简直像是两个世界的。

有人会问，那么非规范非设定性问题是不是更难呢？这倒不一定，就像俗话说“画鬼最易”。非规范非设定性问题少了很多限制，自由空间更大，或许更为容易，也可能由于主观的原因，对自己不难，而对别人就不易理解，而且很难比较好坏高低。如“脑筋急转弯”，这类问题不值得花时间去培训；文学艺术则另当别论。我在这里绝不是过高地抬举数学，只是想通过一些分析表明：数学思维同其他思维有多么大的差异，凡是奥数高手，都充分理解规范非设定性思维，这种思维几乎都集中于数学，所以数学是很特殊的学科。

做数学，最终与其说是考验一个人的智力，不如说是考验一个人的思维力，或者更确切地说，是思维方式和思维习惯。数学好的人一定比较聪明，但数学一塌糊涂的人也未必就是笨蛋，有人天生看到诸如成堆的下标、“最大值的最小值”之类就头大，心理上是有抵触的，这也不能说是谁的错，因为不是每个人都一定要对数学或数学思维有感觉的。

由于深陷圈子里，我认识很多厉害的高手，他们都理解数学思维，至于这种思维到底怎么回事，那就只可意会、不可言传了，属波兰尼的默会知识。

周老师，与我过去的宋同学、学生梅同学一样，今天的说法就是典型的（理科型）学霸、学神。周是当年高联省第一，北大数学系才子，全国桥牌冠军；宋获得过数不清的最高奖励，一个人的数理化就可打败我们学校其他所有高手，在一万名交大高手中获得优异生第一名；梅也是拿奖拿到手酸，最终得到 IMO 金牌。周和宋也完全有进国家队的实力，只不过周那会儿中国还未正式组队参加 IMO，而宋则在中学里跳级，后来得到了保送机会，放弃了竞赛。

这些令人有些恐惧的第一的头衔，别人一辈子也休想，他们似乎蛮轻松地就获得了，不得不说他们是上帝的“宠儿”，按照我们这里的说法，就是“天之骄子”（如今大学生多了去，看来天之骄子得重新定义，呵呵）。

理科男的特点就是，可以迅速搞清楚一些事物之间的逻辑结构关联，揭示出其本质。凡涉及逻辑和计算的领域，例如数理化、棋牌、计算机……都很精通或可以精通，在这方面做到顶级的，肖刚教授大概算一个吧。

不像某些文科男理科一塌糊涂，理科男的文科往往并不差——如果谈不上出色的话，也懂得生活中模糊思维的重要性，想象力也不差。他们对文艺创作兴趣不大，缺乏那种浪漫的气质和灵感。文理兼修者也是存在的，典型如罗素，这样的人当然更为罕见。

奥数热的现实必然性

在分析了奥数的内在特点后，接下来谈一谈它的外部特性，即导致奥数热的原因。

为什么许多人不喜欢数学？其实，数学绝不是唯一中枪的，多数人厌恶一切抽象的、远离生活的东西，包括文科，比如哲学、精神分析，什么“文本”“解构”“隐喻”之类，大家也一样排斥……这些东西都不能进入大众语境。除非是一场学术交流，如果在生活中谁拿精神分析的那些术语去分析另一个人，周边的人一定会听得厌烦。

我以前以为，所谓的有用，只是限于衣食住行医。其实人们在问“数学有什么用”“奥数有什么用”的时候，有肤浅和深刻之分。现在知道，一般大众觉得，只要一件事是抽象的，不能进入大众主流语境的，就是没用的。

但是，数学偏偏又陪伴大家走过十几个春秋，这是因为数学的天然优势——自由，却不随意。数学在公理、定理的基础上花样迭出、无穷无尽。每年全世界在前沿数学领域新发现的结果就有几十万个，可以想见每天中小学老师搞出的题目有多少。

数学还可以考出真本事，科普则不行（对于作为科普爱好者历史比奥数爱好者还悠久的我来说，这的确是一个遗憾）。如果我们通过考试来重视科普，很多人去背诵《十万个为什么》，岂不是把这书当作是现代版的“四书五经”？死记硬背有多大意义？此外，考数学也比较方便，一张纸一支笔就可以了，而且答案唯一，又是那么公正。考实验或下棋就麻烦多了，考品德几乎是不可能的。对于这一点后面还要提及。

我对奥数称不上最了解，但也是极其了解。奥数和普通数学相比，学习更需要门道，但也不非得是天才。很多学得好的人与天才不沾边（当然也不笨），而学不好的人也往往不是笨蛋。这批人分两类，一类是没有找到门道，绕弯子，其实找到门道后，学习挺轻松的；另一类是学不进去。

相对而言，数学是一种很“奇特”的语境，这与日常语境不同。日常语境变动剧烈，80、90 后与老年人用词差异巨大，相互间难以交流。同理，数学中的那些“至少、至多 …… 最小值的最大值”之类，我看多数人不愿接受；能够接受的，不能说是天才，而是具有接受数学语境的特质，指责他们高分低能也是片面的，根本不是这么回事，如果强迫菲尔普斯去下围棋，李昌镐去游泳，他们也是低能。数学语境永远热不起来，也永远不会过时，使得数学注定不会让大家都很喜欢，却也注定不会昙花一现，而是成为教育的常青树，代代相传。

凡此种种，数学乃至奥数受到教育界的青睐，就不是偶然的了。即使不少人学习的时候恨得牙痒痒，数学也不可能被教育放弃；而这些人以后要是有了孩子，还是会逼迫他/她学好数学。

历史因素的余波

如果要追究我们的历史原因的话，怎么也不能绕过那个维持了几千年的封建社会。在封建社会，除了战乱，一切都几乎是静态的、封闭的。大家都安分守己、各司其职，娶妻生子，天下就太平。农民的儿子仍是农民，木匠的儿子仍是木匠，地主的儿子仍是地主 …… 当然，这并不代表大家都规规矩矩，尤其是日子过得不好的人当然想改变自己的命运，所以社会的不稳定因素是一直存在的。但是，最终谁可以改变自己的命运呢？少数人，比如带头造反的，一旦成功就是皇帝。此外，还发展了一套科举制度，让天下的读书人有一个出路：做官。此举有两个目的：一是为政府办事；二是拉拢天下的读书人，因为知识分子具有煽动性，如果他们都过得不好，于社会的稳定是十分不利的，对此最清楚的莫过于开国皇帝了；而且开国的皇帝往往出身低微，或被天下人认为大逆不道，所谓“名不正则言不顺”，急需高级知识分子的合作。

如果他们站出来说此乃真命天子，他是来“拯救”天下百姓于水火之中，那么就更为使人信服。说到底，封建社会提倡学而优则仕，毕竟不是为了学问本身，而是统治者自己的需要，而很多书生本来就很穷，当然也极力争取咸鱼翻身。

中国就这样走了上千年，直到近代，全新的变局发生了。其实日本也面临着这样的抉择，他们是铁了心要改，而中国就比较复杂。

中国人是很聪明的，挨了打，赔了那么多银子，自然会好好地进行反思。原来，封建社会的那一套在小农经济时代是可以运行下去的；但到了资本主义疯狂聚敛财富、科技日新月异的时代，就完全不一样了。清朝统治者不会不明白，如果不强国，就要有亡国之危险，而强国需要的人才，不仅仅为统治者歌功颂德，而是需要各行各业的专才。这层逻辑很简单：国家需要强盛，强盛必须强科技，强科技必须强人才，强人才必须强教育，所以科技强国的基础就是数理化教育。

于是，我们的教育体系就开始西化，引进西方符号体系、教会学校普及外语等。科举考试也取消了，经学、国学遭到冷遇，因为这于强国没有直接的帮助。这样的做法确实是与封建社会的一套明显不同。在过去封建社会，参加科举考试的读书人毕竟不多，而在今天，中国的考试五花八门，面铺得极广，为无数人改变自己的命运提供了机会。

过去读书是为了“齐家治国平天下”，到了 20 世纪下半叶，口号变成“学好数理化走遍天下都不怕”。国人 100 多年“落后挨打”的心痛，一直是数理化得以尊崇的重要原因，当然也就成了奥数热的历史背景。

实证主义和考试文化的生命力

奥数作为手段，是升学的敲门砖，这不是很好，但比其他一些手段要好些。因为数学这门学科不太好“捣糨糊”。以奥数作为目的也有危险，就是有被取代的感觉，后面将会提及。如果自得其乐，就不叫奥数，也只与奥数有一点交集——如漂亮的平面几何、组合等分支，对立体几何、三角函数、二次函数自得其乐的，恐怕没有。

在封建社会，除了科举，大概没什么考试。人情社会以血缘为基础，在实证上又不困难；但是现代社会是竞争社会，最公平的竞争方式还是考试（比谁蛮力大也公正，但这只能是原始社会的“考试”形式），如果没有考试，实证上就很困难，单凭班主任的评语就决定一个学生的前途，很多人心里都会存疑。

考试文化和实证主义当然有它的好处，它最对不起的是价值观，也不利于发现天才。工作多年，也接待了不少“民科”，我发现他们被社会边缘化在某种程度上讲也是活该，因为他们全都是在胡说八道，不是什么真正被埋没的“天才”；唯一可惜的是，其中某些人要是从小受到不错的教育，或许会走上正道，但我相信那也绝对是凤毛麟角。天才差一点成为考试牺牲品的例子是有的，比如伽罗瓦，还真的被考试文化所吞没；拉马努金也差不多危险，幸好他结识了哈代；还有爱因斯坦，大家都知道他在读书时的遭遇；爱迪生几乎没读过书，法拉第也读得少。事实上是，他们不也都冒出来了吗？所以，一个人若是觉得自己怀才不遇，那可能是考试的错，也可能是社会的错，但自己也要反思，或许自己只是怀了小才而已。

所以说，人才自古不可多得，考试文化的主要“罪过”不是在埋没人才，而是产生了功利主义的不好的价值观念，它使得人们不愿意在出好成绩找好工作以及“娱乐至死”外寻找其他生活方式，尽管我相信极端的功利和娱乐至死中不存在人生的真意，但考试文化的生命力是不容小觑的，没有考试会乱套。

奥数热的功利性

这是两大争论最广泛的话题之一，也是舆论的焦点。

很多人认为，英语和奥数都是圈钱游戏。这话基本属实，但有两点需要注意，很多教师生活压力也大，不偷不抢，有机会就改善一下生活条件。（换位思考一下，如果批评者自己是一个穷教师，会放弃赚钱的机会吗？）此外，我知道越是有水平的奥数专家要价往往不高，难道他们仅仅是为了钱吗？其实，因为历史原因，中国人是世界上最习惯生活在压力而不是动力下的民族。儿童的压力是增加了，那是家长和教师自身的压力转加上去的，但是家长和教师的压力又有谁来关心呢？我明白很多家长的苦衷：学习是累，但还比较公平；工作以后才发现，公平竞争的机会也没有。奥数一旦取消，压力就减小？学校的课改不是一直在减负吗？结果还不是增负？

因此，奥数热一定有功利的因素：对于老师来说，这是一个改善生活的机会；究其背后的因素，是因为择校热，而择校热的基础是教育资源不均衡，而教育资源不均衡具有一定历史原因——落后的近现代中国借鉴国外经验，大学分成三六九等，中小学也是如此，有全国重点、市重点、区重点和普通学校，好的人才圈在一起重点培养，就是为了搞导弹、原子弹、计算机……达到强国的目的。

有人批评这种目的，鼓吹古希腊倡导的热爱大自然和真理的学习观。这里有个问题比较复杂：古希腊人正是因为过于提倡思辨和学问，最后遭到灭国；但是，古希腊的学问过于辉煌，所以在沉寂多年后又得到了传承和发扬，这就是著名的文艺复兴。古希腊的成就和教训为人深思。热爱真理固然不错，但为强国而读书也无可非议，尤其是当祖国落后时；关于这一点阿基米德堪称典范，他平时搞数学是真的热爱，但当他的国家受到罗马人侵略时，他也义无反顾地发明一些机械抗击敌人。近现代的资本主义强国如英、法、德、美，可以说没有一个是不吸取古希腊的教训的。至于中国最近这 100 年，在历史长河中也不过是短短一瞬，今天遗留下的教育资源不均衡问题，也是可以逐步得到解决的。

从奥数到数学家

这是另一个争议的焦点。

很多人认为，奥数热没有使中国产生世界级数学家。

这是有道理的。中国的这种教育，“是什么”提得多，“为什么”说得少，学生的习惯性思维强大，而创造性思维削弱。

我遇到好几个奥数高手，竟然也认为陈景润在证明“1+1=2”！这真值得我们深思。我们的知识体系在某些方面营养严重过剩，在某些方面则严重短缺。

其实，所谓的奥数热，主要是指小学奥数热，中学奥数要差很多。如果说一个人的高中奥数成绩很好，那么说他将来成为数学家的可能性较大；而一个小学奥数好的学生，与其说接受数学的思维模式，不如说在“抖机灵”，这与成为数学家还是有十万八千里的！

曾有作家指出，学数学锻炼逻辑思维、开发智力是一种借口。这话在小学数学是不成立的，但对于中学特别是高中，以及奥数，不是完全在胡说。很明显，若没有这一借口，数学课程的分量怎么会如此重呢？不管这位作家出于什么目的，其话值得深思：有太多的人把数学等同于逻辑思维与智力开发，而忽略了数学其他很多特点。

我看过一本著名的博弈论普及读物，它说到决策树时，指出国际象棋的决策树极其复杂，根本画不出来。但是，生活中很多决策树却并非十分复杂，《三国演义》中谋士的决策复杂吗？不复杂，侦探小说的推理也不很复杂，大家都津津乐道。侦探的推理和谋士的决策是非规范的，其实不能跟国际象棋比，更不能同数学比，这是有专门研究的，不是本人的一家之言（好的侦探和谋士或许更需要经验而非智商）。数学中的大结果都是经过几十乃至上百年才得到的，其逻辑结构宏伟、精致得难以想象。数学是一门难度和复杂度都无上限的学问，由于证明要求极高，在某种程度上数学的确是最难的。

但接下去就要说一个观点：不能因数学的困难复杂就认为数学家比棋手、

侦探或谋士更聪明，更有智慧。其实所谓的生活中的逻辑，是一种随机应变、快速的判断与决策。曹操说孤要攻打某地，问谋士们是否可取，谋士们必须脱口而出，最多几天内就必须做出决定，不能说“让臣回家想三个月”。数学家其实是站在无数前人和同辈的肩膀上才可以达到某个高度的。现在一个好一点的数学家写的书，远比开普勒、欧拉时代深奥，难道他们就比开普勒、欧拉伟大吗？而奥数如果过了冬令营（CMO）阶段，其实也具有钻研性质。

所以，不要拿生活中的逻辑思维的形成，同高中奥数乃至数学家的逻辑相比，两者的性质是具有很大差异的，甚至奥数思维和数学研究的思维也有很大差异。而我们没有看清楚这些思维的差异，强调了一方而忽视了另一方，这可能就导致我们的土壤难以产生数学大家。

还有一个原因或许更加突出。想升官发财、不尊重读书和知识历来有些市场。我们的成语里有“鼠目寸光”“猪狗不如”等，几乎没有骂猫的。猫的不忠心不感恩，那是它的本性，却很受一些人欣赏；但马的忠心、牛的勤劳却又为大家点赞。这并不矛盾，牛马代表了奴才文化，而猫反映了某些人的内心世界。总而言之，缺少邹韬奋所说的“呆气”，就很难在数学和其他科学上做出成就。急功近利、投机取巧，现在确实有点过分了。如果能正视一切，扭转观念，中国人脑子本来就好使，现状就可以逐步改变。

家长的态度

我接触过很多家长。家长对奥数的态度，是一个非常丰富的话题。有时，利用有限的空闲时间，我也注意与家长聊上几句。心急如焚的家长们，没有一个完全认同这种教育模式。但是有一天，当我问一个家长，为什么给孩子报那么多班：奥数、钢琴、英语、书法……她的回答毫不犹豫：“如果别人都错了，我也要迫不及待地跟着他们一起错！”

2015年华杯赛报名盛况

我心头暗暗一惊：高，实在是高！“存在即是合理”，如此神回答，你已经接近理解非合作博弈和纳什均衡的精髓了。尽管纳什均衡所用的数学比很多奥数题要简单，但这里头的原理却像一根强大的“发条”，催使千千万万人去接触各种复杂困难的奥数题。

某些家长让孩子学奥数等科目，除了担心“输在起跑线上”之外，还生怕孩子一放假就没人管，玩游戏、上网成瘾，甚至万一接受不良信息，所以就想方设法让孩子学这学那，没有时间玩或想别的事。家长们的焦虑由此可见一斑。

“不要让孩子输在起跑线上”是一句含义模糊的话，关键在于这个“输”字是什么意思？考试成绩？升学？还是知识修养？如果是后者那当然不错，恐怕其目的是功利的：选择好的学校，将来找赚钱的工作。同时，这也是一句精辟的话，起跑线是一个田径用语，其暗含这样的道理：要使人类 360 行都像体育那样公平公正，那是绝对办不到的。

和过去不同的是，在今天，握有话语权的一支力量，其实未必比没有话语权的另一支更有力。比如，没有人会站出来公然反对人才战略和法治，但某些人实际操作起来又往往是另一回事；那些所谓的教育专家和社会学家整天呼吁这呼吁那的，忙得不亦乐乎，可影响力着实有限。家长们心里会想：好吧，我们也是这么认为的，既然如此，你们呼吁又有啥用？不会是在自我炒作吧。很多人（特别是家长）口头上反对奥数，实际上偷偷地让孩子搞。这并不是虚伪。（此外，孩子的品德修养、生活习惯等方面的重要性，家长未必不知道，也不需要很多教育专家提醒，但这玩意儿只能通过言传身教、潜移默化，没法坐在课堂里教授。）

中国人虽然没有开创博弈论，却为博弈论积累了大量案例，这又何止于奥数啊。

学奥数的风险和代价

这可能是大家比较忽略的重要问题。

由于本人比较客气，许多小孩在课堂上又吵又闹，表面上对一切都不在乎，其实是在保护自己的自信，哪怕这种方式有点不那么可取。原来，奥数除了功利的一面，还有一个特点，就是可能会造成对个人能力的打击。搞过奥数的人都知道，奥数能力是分明显层次的，也就是说，我们做得出的题，韦同学等国手定能做出；反之，韦同学们做得出的题，我们未必做得出。也就是说，我们的奥数能力完全被韦同学们“全覆盖”了，就奥数能力而言，与韦同学相比，我们没有任何价值，我们只是他的子集。就这一点而言，比体育还要糟糕。尽管与博尔特、刘翔等伟大运动员去比，很多优秀运动员黯然失色；但不要忘记，竞技体育是具有观赏性的，即使陪衬也有陪衬的价值。如果跑道上仅有刘翔或博尔特一人，谁要看？没有陪衬，刘翔或博尔特的价值要大打折扣的。但是对于奥数，这种价值就要弱很多：我们是韦同学的陪衬吗？

每个人都有其独特的价值，但却主要体现在不确定生活的种种经历中，体现在自由的创造之中，体现在独一无二的个性之中。再美丽的人，也不可能穷尽世间的美貌；再优秀的文艺作品，也只是体现了一种风格；再牛的数学家，也不会穷尽数学定理，弄得其他二流数学家无事可干。但在奥数里，除了顶尖选手，其他人的价值何在？除非你仅仅是喜欢，当作一种消遣或游戏；这要求你做到不要功利地与升学之类的事情挂钩，更不要争强好胜最终头破血流。即使拥有超强智力仍倍感不爽，在佛教看来便是：可以战胜难题，却不能战胜自我。

所以这也就是很多国家对 IMO 成绩并不十分当回事的理由，过分强调那些技巧的重要性不利于青少年的心理成长。很多国家参加 IMO，成绩一塌糊涂，但还是兴高采烈，下次还要来，屡败屡战。这是真正的游戏精神！而我们不拿第一就紧张，因为面临的压力较大，不过现在情况也有所好转（对于这事也要一分为二，压力太大是不好，一点压力没有也不对）。

业内人士都知道，进入 CMO，大概是一个普通智力者通过不懈努力所能达到的极限，再要上去，没有一点天赋或思维力就难了（但也不一定需要天才）。奥数，或者说所有比赛和竞争，给我的感觉都是残酷的。但是，奥数与其他领域相比，更有标准。一个无可否认的事实——在奥数上，凡是我们能做的题，牟同学、韦同学他们都能做出，反之则未必。这在某种意义上说，是我们被他们“取代”了。试问在奥数上我们还有何存在感？有何价值？——这一事实绝对不是一个教育专家说的出来的，然而却是我们每一代奥数人最深切的体验。

这也就是所谓的一点点反个性，因为每个人来到世上都是有价值的。相比之下，文科艺术体育类的选拔，虽然甚至更残酷，却没有抹杀个人的价值。因为文学艺术没有绝对的标准，我们不会说因为贝多芬、莫扎特的成就最高，海顿、施特劳斯或柴可夫斯基的作品就没有价值了。至于体育，就算不能进入国家队和奥运会，自己强身健体、颐养心情也是可以的，再说体育还具有观赏性，没有失败者，哪来成功者的风光？

奥数的这个“被取代”的特点，给我留下的印象尤其深。科研与奥数比起来，“被取代”的特点要弱，因为大家可以各自研究自己的领域，但在同一个方向上，还是普遍存在“第二名就是最后一名”“胜者为王”的特点。

于是，我内心深处充满了矛盾。我在教授学生的时候，一方面不希望看到学生不守纪律、嘻嘻哈哈、敷衍父母、不求上进；但另一方面，我不得不承认这样的心态非常健康，“一将功成万骨枯”，有必要为冲一等奖、第一名而废寝忘食、承受巨大压力吗？有必要拿自己同韦同学比吗？我当着学生的面批评他们在课堂上的娱乐、游戏心态；但私下里并非一概否定。

而我自己的心态之所以如此，可能同我出生的年代有关，我是一个 70 后，小时候接受了很多关于科学家的教育，心里总有英雄和精英情结，这与今天的消费主义、娱乐主义是有很大区别的。所以我认为，80 后有着比我们更为坦然的心态，因为他们完全接受了娱乐主义，这是一大进步，当然也存在问题。后面还要提及。

然而我也是矛盾的，在走向精英主义的道路上，我不能超越自己。人们常说，只要尽力了，就没有遗憾。说归说，谁不想成功？谁希望失败？我觉得自己就像爬金字塔，已经爬得很高，就是没有办法爬到顶端，回头往下看，却又不甘心回到地面。其实何止是奥数，人生就像摘苹果，有的苹果高不可攀；有的却落在地上——那不是摘苹果，而是捡苹果，毫无成就感。我们多半希望那苹果在高处，跳一跳却可以摘到，然而这有趣的机会实在难得，人生大多数时候是无趣的，是愿望和现实的分离，是自作多情和按部就班的交替出现。我们必须接受。

根据多年上奥数课的经历，本人发现，绝大多数学生能够正常地、健康地对待奥数。他们大多十分被动，就等着抄答案；只愿思考不太难且计算量不大的题；等到一下课，无论是好学生还是差生都挤在一起玩游戏，不亦乐乎。

自家孩子如果这种学习效率，家长会感到失望，我却表示理解和宽容，一方面也是因为过去对自己过于苛求的教训。有的学生佩服我解题能力强，我回答说“这可是以别的方面的无知和愚钝为代价的”，言下之意颇感无奈。

我相信无论什么时代，无论面对什么事，绝大多数人的选择总是比较正常的。

如果大家都对奥数喜欢得不得了，都废寝忘食拼命学习，相互展开激烈竞争，会导致怎样的后果？

那一定就是大多数人的自信、自尊被摧毁或严重受损。事实证明，除了顶级赛事，奥数不需要很高的智商，只要智力发育正常，努力学习并掌握正确的方法，人人都可成为优秀的解题手。所以问题的关键不在于智商，而是竞争机制。竞争机制使得永远是处于金字塔尖的那部分人成为最终的胜利者，其他人只是陪练而已。（同时，也必须承认，少部分人不仅刻苦，而且对数学有特殊的感觉，说是智商高也勉强可以。）俗话说“水涨船高”，即便大家的水平有了极大提高，多数人面临的仍是淘汰的厄运，但此时，由于他们付出了巨大代价，心理就愈加不平衡。就像体育比赛，有人都打破世界纪录了，但那次决赛大家水平普遍很高，结果此人只拿了个铜牌甚至无缘奖牌，奖金也大打折扣，多憋屈啊。

因为竞争往往是极少数人成功，其他人难免会产生羡慕妒忌恨。罗素在

《幸福之路》中指出，竞争和妒忌会带来非常不愉快的心理体验。竞争给人巨大压力，而失败者也不可能就这么简单地“释怀”，这种体验甚至会伴随一个人较长的时间，使他的身心备受煎熬。

文科思维的一个最大好处是保护了自己的自信，在数学中你不服不行，这固然客观，但也容易打击自信，文科一般就不存在这样的问题。此外，文科思维是一种模糊思维，这在生活中、绝大多数工作中都是重要的。绝大多数工作是这样的：填填表，发发信，开开会，写个报告吃个饭，看看能不能合作，压力同利益成正比——不仅不需要奥数的智商，而且数学思维很可能会起到反作用——精确化会导致语言常被说“死”，难以回旋，这就是为什么很多人觉得搞数学的人傻，知多少就答多少，不够灵活，不善于察言观色。但是反过来，理科思维也是我们需要的，因为你有了数学式的推理习惯，就不会轻易相信一些迷信、谣言、八卦……这些东西都傻得要死，粗俗鄙陋不堪；理科思维还有一个好处是，存在比较客观的价值标准，一般而言文人易相轻。总之，理科思维重于认知，文科思维重于做人。以前常说做人比认知重要，但是认知可以随着社会知识的积累而不断进步，改变着世界的价值观，也对做人起到促进作用，单单有文科思维也常常会出现偏差，对做人起到反作用，故而两者是不能截然分开的。

自信这个事情，还有一点值得一提，就是说，即使你接受了数学，也不要打击自信。人与人本来就有差异，而数学竞赛又恰好为了区分这种差异而设计出来，这在全部数学光谱中或许只是一个很小的“波段”，而超出这个“波段”的题目（肯定更多），是任何人也无能为力的，所以人与人的差异是相对的。

可能带来的心理问题

中国人有个普遍现象，就是忽视心理学（近年来稍有改观），而健康的心理对于一个人来说是非常重要的。好在绝大多数孩子在奥数这座无数智者积累的大山面前懂得如何保护自信和自尊，并且避免自己钻牛角尖、甚至精神失常，但确实也有一定数量的孩子，成为残酷竞争的牺牲品。

除了急功近利，钻牛角尖是另一种极不好的倾向。打一个不很恰当的比方，如果你去问机场地勤人员：“你喜欢这份（打扫厕所的）工作吗?”你认为对方会怎么回答？如果是面对电视台镜头，他一定会说“为了让乘客有舒适的环境，这是我应尽的一份职责”之类的充满正能量的话；但私下里很可能会说：“我哪里会喜欢打扫厕所，但是要养家糊口呀！”这也是大实话。不喜欢就对了，多数人不喜欢工作，只是为了赚钱而已。如果喜欢，就有钻牛角尖的危险。地勤人员会成为“洁癖”，无时无刻不守在厕所里，不能容忍一点污渍和头发丝的存在，如果他连细菌都不能容忍，是否每天要用酒精擦洗才算满意呢?

奥数和数学研究当然比打扫厕所有意思多了，但钻牛角尖的危险仍然存在，这类学生我看到不在少数。推而广之，人能够做自己喜欢的事当然是幸福，但前提是轻松愉快，而不是完美主义。过分苛求自己，就会使自己成为“精神洁癖”、强迫症，为此而苦恼不已。

法国数学与科学巨擘庞加莱说得十分精辟:“数学家是天生的，不是造就的。”不管他的本意如何，我觉得如果把这个“天生”理解为“适合”，而不是“天才”或“高智商”似乎更为合适(也许庞加莱就是这层意思)。无论如何，有的人就是适合做数学，有的人则适合作诗，并能持之以恒，保持精神上不出问题，不适合的人(估计占多数)去做这些事是无法忍受的，像陈景润、佩雷尔曼、张益唐这样甘于寂寞、不惧失败，太不容易了!不知道他们的内心世界是怎样的，反正都要经历庞加莱所描述的“思想只是漫漫长夜的一线闪光”之情境。这个世界上，无比刻苦仍保持良好心理的人其实比聪明人少得多，了不起得多(当然胡思乱想的民科除外)，能刻苦难道不是一种天赋?当然既聪明又刻苦更是凤毛麟角。

奥数还有别于体育的一点是:我确定自己尽力了吗?我的极限究竟在哪里?该如何去尽力?这本身就是一个疑问，于是学生也就难免会遭受家长和老师的指责或自责。史冬鹏无论如何也跑不过刘翔，但他的尽力是众所周知的，因此也没有谁跟他过不去。田径和足球是目前中国比较差的体育项目，前者无人指责，是因为田径队的尽力，而且他们穷(除了极少数人);后者就不一样了，足球界有钱，因此容易导致管理混乱、急功近利;而且足球确实比田径复杂，尽不尽力也更难判断些。这样遭受众人指责也就难免了。奥数的情况，比较接近于足球的难以判定和能力极限的模糊，所以也就在失败中难免遗憾。这实在是耐人寻味:解题的对错本身是有标准的，但是尽力的程度、聪明程度和能力极限，却说不清楚。

深层次的原因

最近十年来，从教育专家到平民百姓，都对奥数及奥数热发表了很多看法。尽管我不是专门研究教育的，但由于自己亲身经历从参赛选手到老师的漫长过程，我觉得有些方面还是更为了解。

很多人认为，奥数在摧残儿童，侵吞他们的时间。其实没有人强迫你去学，还不是家长们死要面子，认定自己的孩子是天才，独生子女更是掌上明珠;更多的家长是焦虑，担心孩子将来不能进入重点学校。大家现在很功利，没有奥数，孩子一样被“摧残”。

很多人认为，奥数题偏、怪，没有用，学了成不了才。而美国人都在学习有用的东西，做出了伟大发明。这固然有事实依据，但是搞奥数的目的是培养创造性人才一说，好像也没有人做出过这种保证。

很多人认为，奥数过早地打击了学生学习数学乃至科学的兴趣。这话本身也不错，不过以我以前的经历来看，我读小学时也喜欢数学，成绩很好，但更喜欢天文、历史、地理、生物，经过会考后，我永远失去了对历史、地理和生物的兴趣（天文未进入高中教程而幸免于难），只保留了对数学的兴趣。其实，动脑筋的题目比死记硬背的好得多、有趣得多。只要考试的指挥棒存在，普通课程也同样会毁掉一个人的学习兴趣。好奇心总是集中于孩童，失去兴趣是一个人成长的在所难免。这不能完全归咎于奥数。

还有人认为，奥数只有技巧，没有思想。这种说法固然基本正确，但有几点值得商榷。第一，要求一道中小学数学题能产生出一套理论体系，本身就是荒谬的；第二，从广义上讲，不存在没有思想的人类创造，因此奥数也充满了思想，技巧也算是思想，只不过不一定是很深刻、创新的思想而已；第三点是最根本的，除了少数大师，多数指责者其实并没有这个资格，他们无非是受到了“哲学挂帅”的影响。哲学挂帅源于柏拉图，在 20 世纪上半叶曾风靡全球，很多国家领导人都把哲学挂在嘴上。哲学的特点是提出很多深刻问题，却没有标准解答。在书斋里讨论当然可以，但对解决具体科技、生产上的问题不能提供直接的帮助。所以，哲学是好东西，但哲学挂帅在今天失去市场了，当然也没到霍金宣称“哲学已死”的地步，不过，哲学挂帅在一部分人心里还是起作用的，他们无端指责奥数只有技巧没有思想是滑天下之大稽，因为他们只是一群“乌合之众”，既不懂技巧，也没有思想，而且也不需要技巧与思想。

关于奥数涉及的问题还有许多，如文科与理科思维之辩、专才与通才之辩、天才与平庸之辩、浅薄与深刻之辩。这些话题人们谈了不少，后面会隐约涉及，但不专门阐述了。

记得大概 20 世纪 80 年代初，学校里还在不遗余力地宣传科学和科学家，好像科学家就都是爱因斯坦、居里夫人。但实际上反智和厌学已相当有市场，与历史上那种非常崇尚学问的态度截然相反。这就是后现代主义和价值多元化吧？在今天，无数莘莘学子学习更加努力了，但这并不等于他们爱学习，相反，他们完全将学习看成是达到功利目的的手段，骨子里还是厌学。为什么在这个知识昌明的时代里，大家却普遍厌学呢？这个问题值得深思。其实，答案在奥数热的一个深层次原因中，就是教育的商业化，这是消费社会的产物。不难看出，奥数，从精英主义的层面上说，为多数人所口诛笔伐；但作为功利主义的奥数，却又成了社会的香饽饽。这是因为越是读书压力大，就越是要娱乐，所以办学机构和娱乐业都赚钱，它们看似矛盾，却互相促进。目前的这种状态被赫胥黎的《美丽新世界》和波兹曼的《娱乐至死》不幸言中。

中国似乎尤以为甚。中国人尽管排斥心理学，却都是心理大师。像王者荣耀这样的游戏之所以风靡全国，可用一个“抛苹果”的理论加以解释。在现实生活中，人们觉得无聊和无奈是因为有的事太容易，有的事太难，就像前面提到的捡苹果和太高的苹果（比如奥数），但是跳起来能摘到的苹果又少，那怎么办呢？就把捡起来的苹果抛向空中去接吧，抛苹果的人不一定是自己。这就是虚拟世界的魅力：让所有无法在现实中实现的成就感、勃勃雄心、感官上的刺激满足和愉悦、升官发财…… 都在游戏中实现吧！就算实现不了，也没有来自别人的压力。这是一个进步，但结果是很多苹果没接住，直接砸烂了。人们就是这样不甘于平淡、不懂得珍惜当下的。

奥数热的另一个深层次原因是教育资源不均衡，关于这一点前面有所提及，大家也谈得较多，无须多说了。

人才的不同结构

上面说了不少奥数热的弊端，事实上统计表明，绝大多数人心理受到的冲击并不大，倒是一些家长比孩子还要焦虑。数学竞赛不是呈现金字塔形状，而是倒置的喇叭形。底盘很大，说明多数人是来凑热闹的（当我把一个学期的讲义发下去时，几乎没有哪个同学是提前做的）。处于中间位置的人其实较少，有些真努力的人发现自己不行，就放弃了，尤其到了高中，参加奥数的学生急剧减少，大学数学系毕业后从事数学研究的人也极少。倒置喇叭状是竞争的正常态，无论是奥数还是别的领域都一样。这说明绝大多数人都是明智的、现实的，知道自己什么时候该放弃了——这也导致顶尖高手“高处不胜寒”的感觉。

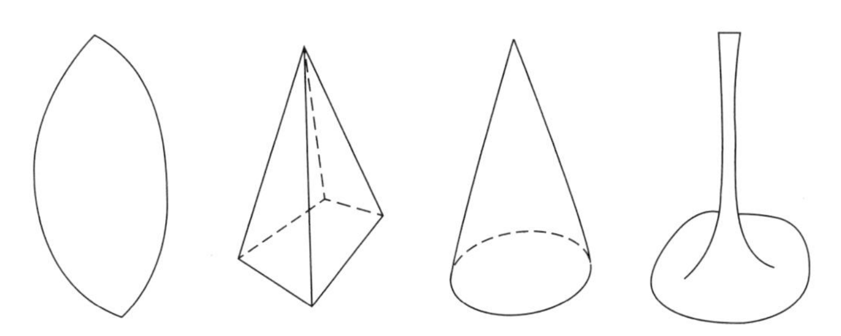

人才的竞争结构（从左至右）：橄榄型、金字塔或圆锥型、倒置喇叭型

一个国家只要不出现大规模的战争或动荡，各行各业的顶尖人才总会脱颖而出，各领风骚数百年或几十年。优胜劣汰，源自达尔文的学说以及统计学；至于谁赢谁输，赢者如何春风得意，输者如何沮丧，对于全社会来说无关紧要，人们只在乎结果。竞争是必要的，但没有必要过热。过热的结果就

是倒置喇叭变胖了，变成了圆锥、金字塔形或更胖的形状。处于喇叭或金字塔中间腰部的学生，其实是比较“悲催”的一些人，他们最可能“后悔”“郁闷”，为什么这样说呢？因为他们一开始并不了解，多数人是来凑热闹的，是极其被动的。一开始他们发现，自己只要多努力一点，就可以超越绝大多数人，于是他们有一种错觉：以为努力和成绩成正比。这无疑想得太简单了！最后屡次碰壁后，他们才明白，顶尖高手是不可企及的！历史证明，我国国家队的水平无论是过去还是现在都差不多，金牌数一直保持几乎不变，这说明顶尖高手并非激烈竞争方能产生，倒置喇叭和金字塔有相等大小的底盘，也有同等的高度。

世界就是这样复杂微妙，因为话还得说回来，从竞争心理的角度看，倒置喇叭比金字塔好；但如果排除竞争，金字塔又比倒置喇叭好，更确切地说，是压扁的喇叭而非金字塔更好。一个社会在任何领域都由少数几个顶尖高手组成，剩下一大批基础很差的人，也是不合适、不正常的。就好比竞技体育，极少数人在奥运上摘金夺银，多数人从不锻炼，身体素质极差。现在有了改观，马拉松就是一项比较好的运动，业余选手和专业选手一起跑，业余选手不是为了拿奖牌和奖金，但是通过这一运动提高了自己的身体素质，增进了友谊，其实也很有收获。同样道理，如果不是以考试、竞赛的形式，而是用科普的方式提高公民的科学文化素质，欣赏科学之美，学会一点数学思维，拉近普通公众与顶尖高手之间的距离，减少民科的产量，也是值得提倡的。

普通教育一般是橄榄型，中间大、两头小，特别优秀和特别差的都比较少，有点正态分布的味道，但精英教育、奥数教育不同，它是倒置喇叭型，但与动物世界的丛林法则不同，它不是要残酷地淘汰弱者，它是一种向着卓越的奥林匹克精神，这种精神是只奖励成功者，不谴责、不惩罚失败者的（前提是公平公正的比赛），它应该与功利的东西无关，奥林匹克精神与“不要输在起跑线上”是相悖的。然而实际上，与功利绝缘是办不到的，这毕竟只是一种理想，我们只能要求勿过于急功近利。

理性精神和精英教育在今天的处境

前面阐述了奥数的特点、奥数热的弊端及其“存在合理性”，我们将从更大的背景下进行分析，展望未来。绝大多数流行观点并没有切中要害。

对于人，向来有三种观点，第一种是理性改造派，也就是我们学校里通常的教育，数学教育是其核心之一，因为数学及物理是理性精神最强大、也是最具体的支撑（反理性主义者特别痛恨数学，其主要原因还不是数学在日常生活中“无用”，而且数学暴露了他们的无知和局限，忽视其个性，与他们“唯我独尊”的观念相抵触），历史上的大教育家如柏拉图乃至孔夫子基本上都算是理性改造派，认为通过理性获得知识，修身养性、从心所欲，达到更高的自由。第二种是非理性改造派，即通过宗教仪式或内省的方式，而不是逻辑推理、科学实验或社会实践的方式，来获得所谓的开悟、解脱、无我。第三种就是反理性主义，主张有我，拒绝改造，自由散漫，不知天高地厚。这一派主义可谓是风靡 20 世纪，影响力一直维持到今天。反理性主义有荒谬的一面，但它也有强有力的“法宝”：指责理性改造派“虚伪”。于是乎，个性就这样压倒了才华和谦逊，还常常被任性混淆。

源于 17 世纪的理性主义和风靡 20 世纪的反理性主义，当然会有一番长时期的、此消彼长的较量。这同样反映到每个人身上。现在的老师或家长拼命叫孩子读这读那，难道他们自己年轻的时候就不曾叛逆，不曾贪玩甚至谈恋爱？

奥数本应该是一种精英主义教育，多数人不是精英，学得叫苦连天（主要不是智力问题）；自己的孩子比不过别人，就说奥数这玩意儿啊无聊得很，却从不怀疑自己的孩子究竟是不是这块料——是啊，一切自欺都很搞笑吧，这种态度我时常遇到。

现在鼓吹个性，这往往被人误解为对精英主义的否定。其实这又是何必？体育不是把参与（大众）与精英（奖牌）结合得很好吗？

自由个性其实属于生活或政治范畴，也就是说我们应该去否定、冲破三从四德，在穿着打扮上可以个性化一点，自我一点；但是，在学术范畴、特别是数学等自然科学范畴，精英还是要存在，要强调，我们不能因为太自信了，就随随便便去跟牛顿比较，甚至也不要跟 IMO 国家队队员比！人家不是一般的厉害（但在人格方面，当然是平等的）。近十年来的科学与后现代之争，其实也可以看成是精英主义的对立态度之争。本人观点是，数学等自然科学，必须承认精英；社会生活上，鼓吹自由一点，反对任何形式的“圣人训诫”。

然而社会现在已走向两极，一是实证主义的强大力量，导致社会的考证热、竞赛热；一是消费主义、娱乐至上。个性和内心体验是重要的，但若扩大化到所有领域，则不符合客观事实——因为社会发展需要通过竞争来选拔人才，人毕竟是社会动物。难道我们可以由着自己的性子改写数学或物理学教材吗？

不难发现，周围有很多人自得其乐，很知足（其实主要是得不到）。自得其乐者多半是浅尝辄止。他们读的都是休闲类读物，这对于一个初中文化水平的人来说就足够了。我至今未见过一个拼命自学代数拓扑的人仅仅要求自得其乐就可以了！奥数也一样，需要花费极大的功夫，多少同学起早摸黑。他们纯粹是在自得其乐吗？这也没办法，奥数热偏离了精英主义，而成为功利主义的表现。

精英主义以及理性主义起源于古希腊。文艺复兴时期，人们重新认识了精英主义；到近代，奥运会也重新举办。不过到后现代，人们似乎把专制主义和精英主义一块儿给否定了。为了追求真实，后现代主义有一种趋向彻底反叛任何秩序、规矩、理性，鼓吹绝对自由意志的味道；但是，后现代主义并没有打败功利主义。

精英主义确实也有点问题。绝大多数人之所以选择功利主义而不是精英主义，是因为他们根本就不可能成为精英；而选择功利主义，或多或少可以实现全部或部分愿望。精英主义确实产生倒置喇叭，而功利主义则是圆锥或金字塔型——那自然受更多人欢迎。

这真是一个悖论。奥数如果真走精英主义道路，它的范围不会如此之大，发现人才也不见得容易；正是由于功利主义才使得产生今天的局面，才会树大招风。有人心里恨的是精英主义，嘴里骂的是功利主义；心里想的是利益，嘴上说的是公正。两者不会一致，也就不会真正有力和有效。因为这意味着换了汤还是换不了药，既然大家的想法是一样的，那么奥数倒了，会有新的类似的东西出现，“前仆后继”，好不热闹。

功利主义是这个世界上影响最广阔的人生价值观念。道理很简单，人活在世上，首先关心的，必定是生存，即对物质和生（包括繁衍后代）的欲望。注意这里的物质含义是广泛的，不仅包括财产，还包括权力等。也就是说，不仅仅是那些看得见摸得着的东西，这概括了物质更本质的特点：强烈的排他性，不能分享，你有我无，你多我少。精英主义不具有强烈排他性，因为它的贡献主要集中在精神领域，而精神可以传播，可以分享。

功利主义与精英主义的一个最大区别是，功利主义纯粹是为己和身边少数人的利益的；而精英主义则考虑人类的福祉（当然同时也不排斥名誉和地位），爱因斯坦便是典型。

只有鼓吹精英主义的精英，他们的追随者才都是精英；而鼓吹功利主义（和虚无主义）的精英，他的追随者多半不是精英。

当代功利主义，是对过去的理性主义、精英主义以及反理性主义、享乐主义、娱乐社会矛盾的综合利用。有人或许会问：矛盾如此尖锐，怎么利用呢？答案是，它披着理性主义、精英主义的外衣，有着娱乐、反理性的内心，而这层外衣也是重要的。

目的还是手段，一个需要考虑的问题

功利主义、实证主义完全以奥数为手段，精英主义以奥数为目的（至少部分如此），前者从不顾及学生的兴趣和能力，后者就一定正确吗？也未必。

在打击自信心方面，以奥数为目的，要比以奥数为手段“有效”得多。

由于奥数永远是精英的玩意儿，本难以大众化，出于功利目的，把广大中小学生拉进去，长年累月，这是典型的揠苗助长，尽管违反教育规律，但在今天的情势下，也是一个可以部分肯定的做法，因为数学还有一个好的地方：标准性强，客观公正，并且不用很多花销。

奥数的目的，其实是所有教育家或学生最模糊不清的地方。如果说，奥数作为学生升学的敲门砖，作为机构赚钱、老师们改善生活的手段，那是很清楚的，也是有一定意义的；但如果是为奥数而奥数呢，有兴趣固然是件好事，但也背离了竞争的初衷，且又无法无视前面所谓的“被取代性”。

普通人去做困难的、不适合的事情，就等于打击自信，甚至是消灭自我。我们对待个性也必须采取中庸的态度，太张扬不好，太压抑或泯灭也不可。奥数的普及，后一种倾向危险的可能性大得多。奥数学到一定程度，就没法再有长进：既学不到全新的知识，在技巧上也无法再继续提高。很多学生都是这样渐渐失去兴趣的。

除了极少数成功者，奥数告诉多数人的是：“算了，你不行，到此为止吧。”

这等于是说，在奥数里，多数人的价值是——零；多数人的角色是——被取代。既然如此，我还去凑这个热闹干啥：证明自己是笨蛋？打击自己的信心？浪费自己的生命？可我一开始都不知道啊！

多数人的工作其实比奥数简单得多，因为不稀缺，别人也能做。但是，只要做了就有经济效益，出租车一圈一圈轮子滚出来，服务员把盘子端上来……都是如此。这就有了一点点社会价值。

对于普通人来说，功利主义确实是其个人价值的充分表现，他的个人价值，从赚钱开始才真正产生了（犯法的别论）。注意对普通人来说，个人价值远比社会价值来得大。

赚钱的主要目的是消费。在赚钱和消费、享受的过程中，自我得到了充分的、积极的肯定（甚至犯罪分子在踏进铁窗之前也是这么认为的，因为罪犯也是人，也有可以理解的心理）。

只要有国家队存在，那么无论谁，搞奥数还是竞技体育，只要成绩不理想，就是没有价值的，这个人等于不存在，因为他完全被别人取代。但是，从赚钱开始，“被取代性”就立即不再成立（比如他可以去当教练）。

无论多么有钱的土豪，他在享受私人飞机、高尔夫……时，不能取代一个穷人在大汗淋漓时猛喝一口矿泉水带来的爽快。生活属于自己，没有人能取代。

所以，只要是充分肯定自我的社会，就必然是一个消费的社会，而不是一个学习的社会，我所说的学习，是真正想提高自己，而不是为了升学、就业、赚钱和消费的目的。

这样，我似乎找到了一个赚钱、消费、娱乐背后的强大理由，不仅仅为了生存，也是为了对自我的肯定。在学校里要求太多的学习和谦逊，校服统一暗淡，到处悬挂着科学家的宣传画，高处不胜寒。一旦踏进社会，就要寻找自己率性的生活方式了。社会比学校更具吸引力，是因为多数人在精英主义教育下找不到自己。

所以，关键不在于一些对立观点孰对孰错，而是如何平衡的问题。这个问题的解决看似遥遥无期，但由于 AI 技术的神奇进展，我认为为期不远了，后面将给出理由。

为什么在奥数上失利不算严重的事

一个人踏上社会才会发现，更重要的是阅历。

认知和阅历是两回事，一个主要是智商问题，一个主要是情商问题。叔本华的观点是，一个人在认知上可以获得长足的进步，但性格一旦确定，就不大容易改变。但是，换一个角度，似乎能得到矛盾的结论：一个人的智商是不能改变的，所以在认知上为了这个目的，毫无意义；而一个人的情商，却可以从不断磨炼中得到提高。这也就是为什么很多教育专家反对孩子从小就做大量难题去锻炼自己，但却对他们走向社会经历风雨而称赞有加。所以，我的想法是，认知和智商不等同，而性格与阅历（情商）也不能画等号。

精英主义的问题不在于精英本身，而在于精英主义作为一种误读，导致对整个社会产生不良影响。

我怀疑一部分老师说的关于学习奥数能提高思维能力的话仅仅是借口，家长们说的学习奥数是为了升学就业则是我国社会资源分配不均、贫富分化等历史现状所决定，也许主角——学生——最有发言权，他们的内心世界是怎样的？只有把真正的目的界定为培养兴趣、提高修养，才是奥数的真正生命力所在，但将来要是能实现这一目标，那么奥数也就不称其为奥数了，因为没有竞争者，只有欣赏者。

绝大多数奥数学生之所以没有失去自信，与其说他们的心理素质特别好，不如说他们没把奥数当回事，一下课就拼命玩，奥数仅仅是功利主义敲门砖而已，少数人确实有强烈兴趣但天资不高，这就会产生深深的挫折感。

我觉得周围很多人很现实，很聪明。他们似乎从小就没有“理想”，不存在一个从理想走向现实的过程；或者说这个过程很隐蔽、很短暂。所以，他们尽管做不了大事，却充分保存了自信，几乎未受打击。他们总擅长将自己的失败归咎于懒惰和运气，而从不触及自己的智力和能力。

想想也是，精英主义这个东西，本来也有不好的地方——如果它被无限制地扩大化的话。

试想这世上的人，除了吃饭只干一件事，就是下国际象棋。那么除了卡斯帕罗夫和少数几位高手，多数人的存在是毫无意义的；这对于奥数也是一样的（注意我这里说的是为奥数而奥数）。这并非红花与绿叶的关系，绿叶也有红花无法取代的地方，而在竞争中输掉的人，就几乎被彻底取代和覆盖了；纵然可以用红花和绿叶做比喻，分摊到每片绿叶上的价值也所剩无几。

耐人寻味的是，IMO 金牌选手如果搞数学研究，却也未必占据优势。原因在于标准的不同。IMO 强调的是解题能力，而对数学研究来说，解题是次要的（除了极少数困扰人们几百年的超级难题），甚至智力等也是次要的，重要的是价值。价值判断比解题复杂多了，谁也无法准确预言。当下有价值，不代表将来有价值。因此，对于数学研究来说，机遇和运气也特别重要。

当然，数学研究毕竟是精英文化。搞过科研的人深知其中的残酷，除非是一流论文，二流的毫无价值；优先权问题十分突出，你不能做别人已经做过的课题，而剩下的问题，恐怕是越来越难啃的骨头。所以，精英文化在人类社会中只占有一小部分地盘，是再正常不过的。但是，除了天赋和努力之外，成功的一大因素是机遇，这给了很多输在学校里的人重新洗牌的希望（当然也需要与读书很不一样的天赋和努力，在学校时潜能未爆发，马云就是这种人）。这也就是为什么国际象棋和围棋不能用来赌博的原因，赌博能否风行，取决于这项赌法是否严重依赖于随机性，如果是严重依赖于智力和学习，那么多数人是不会去玩的。

世界具有无限的复杂性，这并非破坏它的因果关系，只是决不能将其看得简单。要把水烧开，只要加足够多的热，但很多事物的因素多得多，即使天下第一智者也无法计算；更何况多数还是不可控因素。

既然世界的复杂远远超过精英的计算和掌控，那么凡人们也就有了很多机会取得比精英更大的成功。有的人出身好，能干很多事情；有的人一买彩票就中几亿大奖。总而言之，精英的种种优势被随机性、复杂性无情地抹平，这对于大多数人来说恰恰是好事。

对所谓“快乐学习”的一点看法

现在有人提倡“快乐学习”。当然，对于这四个字，存在不同的理解，但如果把学习娱乐化，那是不对的。

没有人学习是完全主动的，我们为什么要进入学校呢，而且一读就那么多年？因为人生来不是无所不知的，相反，他的知识体系非常局限，又因为人生来并非意识到这一点，即使意识到也不可能完全靠自己领悟，于是人就必须不断充电以提升自己——通过学校系统性地传授前人的知识体系和方法。此外，文化需要传承和发展。学习知识体系，不仅是提升自己，为社会培养、发现人才做储备，也是对前人的尊重。

学习有几个阶段。其实学校的所有科目都不是学生的自由选择，因此学习必定是带有被动性的。从幼儿园和小学低年级的学习几乎是完全被动的，但这个时候小孩子并不感到十分苦，因为这些知识一般是比较简单的。随着年级的升高，再进一步深入学习，就不能完全被动了，那些主动性比较强的学生学习就会轻松很多，并且有一种战胜困难的成就感，在同学面前的优越感；而被动学习的学生的知识体系漏洞百出，旧的还没解决，新的问题又来了，造成恶性循环。

正如考夫曼在《绝非天赋——智商、刻意练习与创造力的真相》中指出的：智力是在追寻个人目标过程中，投入和能力的动态互动。很多人都具备这种天分，都可以成就伟大。在这本书中，考夫曼回顾了很多先辈在人类智力领域的研究成果，认为智力绝非一个简单的概念，因此，他给出的智力定义更为宽泛和丰富，受到学界的称赞。本文也基本是这个意思。但笔者觉得，目前认知心理学在这个方向上不大可能一劳永逸地给出最满意的答案。

问题在于，如果不满足于学校成绩，还要继续提升自己的话，被动性总是如影随形。考夫曼有他的合理性，多数人之所以没有成就伟大，并非他们缺乏传统意义上的智力，而是缺乏考夫曼所说的新定义的智力（此外还有机遇）。没有人具有坚不可摧的意志，也没有人惰性全无。在这个分叉路口，大多数人的选择是放弃，哪怕是成绩比较好的学生，一旦离开学校，也不大想再投入艰苦的学习，而沉迷于网络和手机，因为这些东西所提供的信息量大，人就可以自由选择（这与学校截然不同，主动得多了），但这里所提供的信息往往是肤浅的，因此从严格意义上讲，通过手机和网络获得信息不能称为学习，而只能是娱乐。

少数人继续前进，对学生这就是奥数等领域了，对成年人来说就是科学家之路。现代人都喜欢自由，然而有些事情就是不那么自由。学习，就必须接受整个知识体系，不能说我喜欢数论甚于几何，几何就不去理它，这不行，奥数都要考，知识不应偏颇；科研就更是如此。或者就像婚姻，必须接受对方的所有优缺点以及对方的家庭；也有点像宗教信仰，要么全信，要么全不信，不能只信一半：比如信佛不杀生能做到，但我忍不住要喝酒，这个是不行的。

所以，在更高的追求过程中，人发现突然又不能全凭兴趣出发了，一定要下苦功、花费大量时间学习那些抽象概念，复杂的证明，乃至整个知识体系，否则就寸步难行，这个时候就要逼自己，主动性与被动性共存，主动性如唐三藏、孙悟空、沙和尚，被动性如猪八戒（早有人指出，唐僧师徒就是一个人内心的不同反映），主动性必须比被动性有更多力量（3 比 1），才能去历经这九九八十一难。不断强化主动性，不断化被动为主动，从必然飞向自由；就像登山者在经历千辛万苦后，看到的是原先看不到的风景。这是一个从艰苦到升华的过程。比如学习奥数终于达到融会贯通，形成自己的“思维工具箱”；科研终于搞出了成果；终于懂得家庭责任，于是互相容忍、做家务不再嫌烦；或是苦修多年，终于“领会”了佛法的深妙……

这少数人付出的代价有多大，一般人是无法理解的（当然，他们获得成功之后的喜悦，也是一般人无法理解的）。马晓春说过一番话很有代表性，大意是说，自己是很喜欢围棋的，围棋具有一种巨大的乐趣和魅力，但是成为职业棋手后，就一点也不喜欢围棋了（此次阿尔法狗横扫围棋界，众多高手都发话，竟然看不到马表态）。马晓春应该不是对围棋本身由爱转恨，而是说为了成为围棋国手而付出的高昂代价；尤其当一个人达到更高的水平之后，发现自己再进一步很难，同时又感到寂寞，这时一定会动摇，甚至产生放弃的念头。学习奥数也一样，想冲到集训队或国家队，必须掌握大量知识和技巧，其中必然有自己感兴趣的，也有不怎么感兴趣的，都要下功夫学，就像不能专挑荤菜吃，更要大量吃素，否则营养就不均衡。科研的心态其实也差不多，历史上很多大数学家、大科学家也出现过精神问题。爱因斯坦还算好，但付出的代价也很巨大。他有一句名言：“上帝难以捉摸，但是不怀恶意。”不过在统一场论上几十年徒劳无功，爱因斯坦难免失望地说：“上帝也许是怀有一点恶意的。”这说明科学探索绝没那么轻轻松松，只等那灵光一闪，爱因斯坦毕竟也有凡人的一面，面对长期的失败，内心不可能完全平静和坦然。

奥林匹克精神和超越自我

奥林匹克精神的核心就是超越自我，不过，超越自我有多种含义。

数学和其他科学上“超越自我”，指的是超越那个主观臆断的自我、唯我独尊的自我、胡思乱想的自我。没有数学与科学，没有逻辑和实验，人类确实是容易主观臆断的，容易迷信的。但是，超越自我，常常使人产生的一个误解是，知识和技能的丰富，使个人能力无止境的增长，这种“拉马克式”的进化是不符合事实的。事实上，绝大多数人并不能通过学习数学和其他科学，从凡人变成天才；而天才，也只是通过学习数学和其他科学“发现”了自己而已，比如说拉马努金，他不是哈代培养出来的，而是哈代发现的。所以，与其说第二种超越自我是智力能力的增长，不如说是自信和意志力的提升。

于是，过于强调奥数就成问题了。事实上，第一种超越自我，学校里的课程或稍微提高一点的思考题就已经可以达到目标，无须奥数；智力能力的超越自我几乎不可能，但可以欺骗一些人（比如家长），说是提高思维能力等，其实“使绝大多数人一次次地证明自己是傻瓜”还差不多。我本人学习奥数20多年，基本没有实现过“第二种超越自我”，我相信多数人也不会实现（某人脑袋被一块砖头砸了一下，昏睡数天清醒后变成天才之类不论）。这么长时间的学习探究，其意义究竟何在，过去似乎很清楚，现在却存有疑虑了。

打个比喻，我们要从此岸世界到达彼岸世界，即在数学中达到自由的境界（不是指佛教人生方面），然而“苦海无边，回头是岸”，命运注定了，只有极少数人能到达彼岸世界，而多数人只能停留在此岸，不去试一试，倒也自在，真正不爽的，是那些在苦海里挣扎过，最后不得不回到原地的人；要不是计算机技术的飞速发展，人们很容易为自己的知识而孤芳自赏。

所以，前面提到的超越主观偏见上的自我，是人人应该努力做到的，但现在的人好像不愿意做到；而信心和意志力上的超越自我，就像爬山，克服原来认为不可克服的困难，到达山顶看到壮美的风景。对于体育来说，主要是信心和意志力上的超越自我，而对于数学和其他科学来说，则包含了两种自我的超越——这都属于奥林匹克精神。

对超越自我，还要有更深刻、全面的理解。

荣誉既是超越自我的肯定，也是自我难以超越的体现。这并不矛盾，超越自我其实至少有三层含义。除了前面提到的两种，还有一种自我难以超越，就是说如果真正达到无我境界，是不需要荣誉的——不过这属虚无主义范畴，跟科学精神、奥林匹克精神是两条路。

有一部典型的电影叫《费马的房间》，说的是一个令人感叹的故事。一名数学家谎称自己解决了哥德巴赫猜想，另一个数学家信以为真，差点昏过去，因为他已经苦苦奋斗了十年，于是他就把几名最聪明的数学家骗到一间房子里，企图谋杀他们。我想，任何佛法也无法阻挡这位数学家的疯狂举动，这部电影的导演和观众都理解谋杀者的心理状态。

这部电影的灵感可能源自费马大定理，全部数学中最著名的猜想之一，由费马于1637年左右提出，到1994年才被英国数学家怀尔斯解决，感觉也像是一个更高级别的数学奥林匹克（怀尔斯因此获得国际数学家大会颁发的银质奖章，是迄今唯一获此奖的数学家，金质奖章应该是留给未来解决黎曼猜想的人）。为此，怀尔斯在家面壁8年，连电视机和电话机都拆除了。当然，我们赞扬怀尔斯放弃物质生活的举动，但怀尔斯难道就一直乐在其中吗？实际上他一直是非常提心吊胆的，他不敢轻易公布自己的发现，就怕万一有错，别人弥补了，头功就是别人的，自己的多年心血毁于一旦。当他尚在黑暗中摸索的时候，每当听到关于费马大定理已获解决的传言，就非常紧张。只有当传言被否定后，他才松了口气。怀尔斯的风险其实是很大的，这里的风险不是金钱，而是优先权，也就是名誉。

另一个更为典型的例子是佩雷尔曼。他是一名俄罗斯的隐士，什么奖励都不要，也不要体面的工作和高昂的薪水，一心就扑在数学上。后来，他解决了庞加莱猜想，尽管他拒绝领菲尔兹奖，其实却是无所谓之事。他把证明放在互联网上，得到了承认，这就已经获得了荣誉。佩雷尔曼比怀尔斯更看轻物质享受，但他也要荣誉。那些纯粹玩玩的人，比如数独、在公园里业余下下棋、搞搞初等数学…… 这才真正地与名誉无关。如果代价过于高昂，恐怕没有人愿意仅仅是玩玩，尽管可以不在乎钱，但未必不在乎名誉。

关键不是个人的心态，而是环境的公正性。比如学术环境要是不公正或不够宽松的话，就很容易滋生急功近利。要求人们放弃名誉甚至金钱的追求，那是不现实的。

我们面临的是现代社会。19 世纪的很多学者如高斯可以将自己的研究成果积压在抽屉里数十年，那种不功利的环境，如果说是很好的话，却不再适合现代社会。现代社会是快节奏的。所以，要反对的是急功近利，学术界需要公正宽松的环境。

有没有“思维的缆车”?

关于奥数与奥数热，大家最关心的是现状，但很少谈及它的未来。现在留一点篇幅探讨一下，这将很有意思。

直到今天，奥数也好，研究也罢，要想“更上一层楼”，就必须付出巨大代价，而不是单凭什么脑袋一拍、灵光一现，前面说过，这像是爬山，历经艰苦之后，才能到达山顶，看到最美的风景。

自然，绝大多数人因为种种无法确切解释的原因，没能爬到山顶。

有人会有异议，说爬山的主要目的不是锻炼手脚，而主要是为了眼睛，放松心情，既然如此，我们为何不坐缆车？还能在同样长的时间里看到更多的风景呢。同理，如果存在“思维的缆车”(这是人工智能和生物技术的核心部分)，人们可能只需付出很小的代价，就能取得今天的成绩。

但是，人类在今天还没能制造出“思维的缆车”(据说还要过 250 年，因此教师在今天仍是受 AI 冲击最小的职业之一)。要做到这点，必须理解什么是心智和意识，而这是困扰人们几百年的大难题，目前也看不到什么突破的希望。

赫拉利的《未来简史》指出，一旦人们在生物技术和人工智能上获得突破，完全理解了心智，就能成为神人或超人。如果能穿越到超人世界，博尔特竟然是跑得最慢的，卡斯帕罗夫的棋艺倒数第一，活一百岁者最短命……真是好可怜啊。

达尔文的自然选择说和统计学虽然能给出非常正确的解释，但那仅仅是社会宏观层面的，任何有确定游戏规则的竞争一般总有第一名，也有最后一名；除了针对自己，恐怕没有人会去研究微观层面的个中原因，即使研究也研究不出来，只有文学或励志书可以做点所谓的“研究”，但实际上除了可能避免犯明显的低级错误之外，不能提供任何实战上的直接帮助——而这与高大上的奥数无关。如果谁真相信，那就成了迷信。

但是，人们又十分期待微观层面上的解释，因为大家觉得只有这个对自己“有用”。一旦思维的缆车被发明出来，那么上述一切问题都可以奇迹般地得以解决。人们可以极快速度（比如几秒钟）掌握过去学校里学好几年的知识。那么，作为考试、选拔最具实证力的奥数，在那个时候就会失去价值吗？因为人人都会成为高手。

心智问题与善恶、天气、地震、股票、癌症或心脏病的预测等属于复杂性范畴，其中有信息不完全、信息不对称、涌现等现象。奥数似乎是其反面：没有什么不确定性，素数也杂乱无章，但那是确定性复杂。但是请不要误解，一旦人工智能完成，可以直接通过机器达成自己的愿景，尽管因为复杂性还是难以预测，但是机器已足够强大，能够做到人们想要的结果，而不是被动地去预测。一旦“思维的缆车”真被发明出来，那么拉马克主义就赶超了达尔文。可以想象，那个时候人们绕过预测的无限复杂性，利用强大的机器达到自己预想的效果。

不管如何，至少在今天，并无思维的缆车。哪怕阿尔法狗战胜了围棋高手，让机器做数学依然是十分困难的，特别是一些复杂的论证题。哥德尔不完全性定理表明数学的不可穷尽性，他还证明过在数学中存在任意长度的证明，相当于“证明”数学是难的，也就是说，即使在可判定的范围内，人们还是“路漫漫其修远兮”。

无论如何，一旦人工智能成功，即会从社会宏观层面上倒逼（绝大多数）人成为“过程论者”，因为在那个时候，人们以往在乎的事情其难度将走向两极，很多今天奋斗一辈子或半辈子的目标，要么在瞬间达到，剩下的事几乎都毫无希望。物极必反，到那个时代，纵然不必再纠结于宏观清晰却无用、微观有用却复杂的矛盾，但如此一来，绝大多数人的陈旧目标将失去价值，尽管他们由于社会的强大生产力而衣食无忧。那个时候他们追求什么，这是一件值得考虑的事。

寻求平衡的“未来之路”

当今世界是各股力量不断再平衡的结果，包括功利主义、实用主义、机会主义、物质主义、虚无主义、毕达哥拉斯主义（数据主义，计算主义）、拉马克主义、达尔文主义、自由主义与个人主义、实证主义、精英主义、心灵主义、娱乐精神、奥林匹克精神，等等。有的关注宏观，有的着力微观；有的鼓吹有我，有的崇尚无我；有的认为人有缺陷故而必须被改造，有的则认为要珍惜人的自然天性；有的认为精英的意见和思想必须被重视，有的认为每个人的体验都是独一无二。每股力量在某个时间段的大小都有其“存在合理性”。即使在奥数热及其批评上，仍然反映着这些力量的对抗。

这些力量其实也反映在每个人的头脑中，使人变得很是复杂和矛盾。人们做一件事，可能秉承这种观念；做另一件事，则可能坚持另一种观念。有时候，人自己也困惑不已，就拿奥数来说：若是认定自己只是懒惰、平凡而非平庸，请问这是在自欺吗？如果必须努力，请问努力到何种程度可以放弃呢？如果以道家的观念来对待竞争，请问这是在逃避吗？又请问怎样才能算是超越自我？

直到今天，世界离不开竞争，但人们又多半厌恶竞争，竞争使人们压力山大，甚至心理扭曲，多数人还面临被淘汰的命运。这种与输赢直接挂钩的竞争偏离了奥林匹克精神，但是很无奈，奥运会上很多贫穷的运动员需要奖金的刺激。人们口头上说输赢不重要，但只有业余人士才会不在乎输赢。

为了缓解生存和繁衍的压力，大家花很多业余时间去娱乐，娱乐精神深入人心，手机原本是为了方便通信，但现在越来越娱乐化了。

人们寄希望于生物技术和人工智能能够让世界变得更美好。目前，达尔文主义仍是影响最深远的思想之一，它的缺憾是重宏观而轻微观，并且不能解释社会同自然界的区别。人工智能更接近拉马克主义，可以从宏观层面上对微观个体的影响层面进行预测，这样就把宏观与微观统一起来。

此外，在今天，还有人注重个人心理的修炼，这源自东方哲学，特别是印度或道家，但今天却是西方人好像更热衷于此。这是非常方便的，现成的理论几千年前就具备，根本无需坐等未来。

但是，如果没有人工智能在宏观层面的倒逼，全靠自己想明白，就需要一定程度的自觉，它依赖于智慧，这就不是每个人都能做到了。更何况，世界上不可能存在一个国家或民族，把主要精力投入到娱乐和心灵的修炼上，否则，国家就没有生产、发展和组织，个人就会产生生存和繁衍危机，国将不国，人将不人。

人工智能和心灵主义都试图否定或超越功利主义，目的类似，方式却完全不同，而且基本理念也是对立的。在灵修派眼里，人的心灵是神秘、神圣之物，是不可言说的；人工智能却认为心灵就是算法，没什么了不起，科学迟早会揭示它、改造它、创造它。灵修派对人工智能持悲观和否定态度，有的否认人工智能会取得成功，认为人类不可能从科学上彻底理解意识；有的认为即使成功世界不会更美好，反而是更危险。无论如何，人工智能每前进一步，人们的观念一定会再平衡。到那时，我们如何继续超越自我？

笔者的观点是，人工智能会取得长足的进步，但会遇到瓶颈和极限，没有某些人吹得那么神，即使能取代人类的大量工作，即使比人类更强，只要不能随意控制人的自由意志，就一定会给心灵留下空间。

目前，人工智能还处于婴儿期，但第一步很快就能做到，即大量单调重复的工作将由机器完成。这个时候，还没到有些人担心的——人类被机器统治——的程度，有人预言竞争更趋白热化，许多人确实要无所事事了；但这也使得人类竞争的形式被改变，人们有更多时间思考数学、哲学和艺术，但也并非与功利绝缘。

其实人的本质都差不多。我们不能一味片面地批评功利主义，佩雷尔曼和张益唐再怎么追求真理、淡泊名利，他们还是需要得到一份肯定、一份荣誉，毕竟人不是神。

人生最大的目标是超越自我。但这谈何容易！用不了多久，我们就会在两个领域遇到“极限”：一个是智力和体力，一个是主观意识。前者是我们可以意识到的极限，后者是不太能意识到的极限。当一个人不能再突破极限的时候，怎么说也是件很无奈的事。

奥数中很多思维是不错的，很多结果也很漂亮。如今，奥数热已影响很多人，但多数人发现自己水平不够怎么办？与其被动地保护自信，不如学会理解和欣赏奥数。尽管难以超越自我，却也是一种潇洒、超脱的心态。超脱，不等于超越。

西方人很喜欢探讨是否存在自由意志；而东方人则不关心这个，即使自由意志存在，但在能力上、机遇上是极受限制的。如果自由意志不存在，一切由上帝掌控，你还会为奥数上技不如人而烦恼吗？无论是功利主义的心态，还是自信心的问题，我觉得目前我们应该向西方学习。当然，不是说非得真信上帝，上帝也可以是一种必然，一种让我们敬畏的力量。

科学，尤其是数学，其精髓在于求真，即便未必是终极真理，那也是无比可靠的。奥林匹克精神不仅要求超越自我，更强调参与的重要性，参与就能理解，参与就是欣赏，参与的精神才是奥林匹克精神最普适之处，不仅仅针对能力最强、意志最坚定的人。

奥林匹克精神固然伟大，远远高于功利主义，但它和功利主义仍不足以概括人生的全部；此外，功利主义尽管比较低级，但它长期的存在合理性是毫无疑问的，对功利主义者也要保持宽容。

对数学思维必须点赞，因为人不能肤浅无聊地活在世上。人要学会欣赏美丽的东西，数学是一个很好的选项。当然，思考数学也是个艰苦的过程，人生本来就是有苦有乐，苦中有乐，苦尽甘来，这样才有成就感；苦是人生必不可少的组成部分，物质至上、娱乐至死是不对的。我们可以在思考数学之余舒缓一下神经，听听音乐，看看星空和自然万物。

奥林匹克数学或奥数本来是一个多好的名字。很多人不了解奥数里究竟包含哪些内容、技巧和方法；而了解这些的人，却也片面地理解了奥林匹克精神；此外，我们也不应该只坚持奥林匹克超越自我的精神，还是要借鉴超脱精神、敬畏精神和欣赏的态度，并把它们结合起来。奥数或奥林匹克数学，不仅是一种比较高级的竞争手段，也是"奥妙的数学"——只不过这种奥妙，需要达到一定程度才能体会。

即使走出学校，走向社会，我们仍应该去体验数学，排斥数学或哲学的人，不可能获得对世界对人生本质的深入认识，不可能获得智慧，只会流于肤浅、自欺欺人。国人目前大都是学生时学得透支，离开学校后再也不读书不学习了，这种现状不应维持下去。

记得在课堂上看到孩子和家长拿着手机不停地拍摄，有几次我便感叹人们使用基于（麦克斯韦）电磁学微分方程的技术产物，来帮助学习公元前的数学。众人大笑。后来有一回我又加上一句话：其实初等数学也并不简单，她的美丽将长存久远。数学无处不在。数学扮演着人类历史舞台台前幕后的重要角色——我们依靠数学技术去理解数学，欣赏数学，将来还要改变自身。数学不是仅仅用于算零钱，数学将影响我们每个人的内心世界，决定人生的目标，提高生活的品位。而个人的终极目标与人类社会的共同目标，终究要统一起来，哪怕我们只实现了弱人工智能和有限的生物技术。读者看完这篇文章可以感觉到，关于奥数热，有很多问题本文做了思考，但还没彻底搞清楚；此外，我也不是预言家，但我相信，人们摒弃极端思维方式，在才华、智力、精英、竞争、实证、人工智能、宏观统计与个性、娱乐、欣赏、心灵体验、自由之间，找到某种平衡，并使之成为共识与共享，使社会与个体之间保持良好互动，这在不远的将来不是不可能实现的。

亲历 60 年代的数学竞赛

——兼说教育的急功近利

冯大诚

冯大诚，江苏苏州人。本科毕业于中国科学技术大学，研究生毕业于山东大学。任山东大学教授，专业为理论与计算化学。现已退休。

现在提起来奥数和中小学的各种学科竞赛，是很受人们争议的。在我读中学的时候，则完全没有像现在这样各方面的议论。

众所周知，在 20 世纪 50 年代末到 60 年代的初期，我们曾经经历过骇人听闻的所谓“三年困难”时期。到了 1962 年，情况终于有了好转，学校里的各种活动开始恢复，学生的学习积极性也逐步高涨。华罗庚先生在 1962 年到我读书的学校——苏州高级中学来做报告。我们在操场上听华先生讲他自己的经历，讲学习数学的重要性和学习方法。这使我们这些中学生很受些鼓舞，增加了学习数学的积极性。

我知道数学竞赛这个事情是到了 1963 年，当时并不称奥林匹克，就称“中学生数学竞赛”。北京、上海在 1962 年都举办了中学生数学竞赛，于是，我读书的苏州，在 1963 年也要举办数学竞赛。那一年，我读高二，苏州的中学生数学竞赛也只限于高二的学生参加。

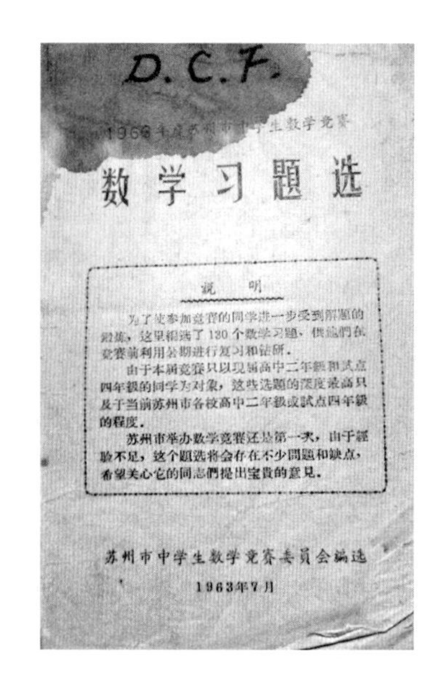

数学竞赛是一个新鲜事，我们学生也不知道要赛些什么。暑假前，学校发给我们一本小册子，连封皮 16 页，总共收集了 130 道题。让我们利用暑假自己做一点练习。

我在暑假里面也老老实实地做了一些题，那些习题大概能够做出来一大半。因为现在我看在大多数题号前都打了一个对勾，那些题好像略微简单一点，在另外一些题号上做了三角或其他一些记号，大概是当时不知道怎么做或不知道做得对不对的——现在当然更做不出来了，都觉得无处着手，也完全没有了做这些题目的兴趣，这大概是大脑老化的表现。

那时候，我和我的同学们大概没有人把做这样的题目当作额外的负担，只是没有事情做的时候拿出来消遣一下罢了。顺便说一下，我也完全没有现在高中生的什么高考倒计时，自己该干什么还是干什么，家长更是不管这些事情。

暑假过后的某一天的下午举办了数学竞赛，赛场并没有设在我的母校苏高中（就是现在的苏州中学），而是在苏州大公园附近的“市一中”。我班大概有十来个同学参加了竞赛。竞赛分成第一试和第二试，第一试主要是基础性的题目，第二试更加灵活一些。做完题，各人回家。无论是竞赛前后，老师都不大管这件事情。竞赛前没有辅导，竞赛后也没有分析竞赛试题。

在我印象中，我班的两位同学分别得到了第一试的第二名和第二试的第一名。当然，我名落孙山。不过，当时这好像并没有多少挫折感。对于竞赛的胜利者，当时并没有什么特别的政策优待，学校好像也没有对此有什么大的宣传。也很巧，第二年高考过后，我班这两位得奖的同学与我都考上了中科大，有一位甚至到了中科大与我仍然是同班同学。当时中科大在北京，每年只在全国范围内招收 600 多名学生，所以像我们这种情况的概率是非常非常低的。

记得好像也正是在高三上学期的时候，学校分别举办了语文和数学的兴趣小组。我记得我班有大概十来个人参加了数学兴趣小组，全校总共 100 多个人，在学校的阶梯教室，每周有一个下午的时间请一位数学老师来做一个讲座。来讲的老师都是学校水平最高的老教师，所讲的内容不是课本上的内容更不是高考的复习，完全是“超纲”的内容，像运筹学、拓扑学之类的东西，当然，只是一些入门知识。这些东西与数学竞赛也没有关系。同样，语文小组大概也是这种与高考和竞赛无关的内容，我没有去参加过他们语文小组的活动，但是常常看他们发下来的油印的文言文讲义。那时候，语文教学中古文已经越来越不时兴了，课文中古文的比例比 50 年代减少了很多。我看他们发下来学习的古文，现在还记得有庄子的《养生主》、韩愈的《进学解》等，倒觉得蛮有兴趣。

在高三年级举办这样的兴趣小组，所讲内容与高考全无关系，不要说在现在如同天方夜谭一样，即使是当时，在全国的学校中恐怕也少见。

那时候，还有英语的口语竞赛，只有少数人参加。总之，那时候的各种竞赛，都是学生玩玩的，得到的是荣誉，并没有什么很大的功利性，与高考也都没有什么关系。

从 1962 年经济开始好转，各项工作从恢复到兴盛，时间不长，政治上就越来越“左”。科学、文化等业务活动都被越来越高涨的政治斗争所替代，到 1966 年终于爆发了“史无前例的无产阶级文化大革命”，一切都置于混乱之中，一切正常的教育都烟消云散了。

人们可能会问，为什么那几年的教育能够这样比较平缓而正常的进行，人们不像如今这样的急功近利呢?

那时候，人们普遍贫穷，而几乎每家都有多个孩子。大多数人家不要说无力将孩子培养到大学读书，能够进中学读书的也是少数。即使是城市里，许多人家的孩子都只读到小学毕业，就想办法谋生了。好不容易读到初中毕业的，也有很多人选择上中专或技工学校，以期早日能够自己谋生。年轻人最大的心愿就是能够早日不要父母抚养，替家里省下一个人的饭钱（为什么说饭钱，不说生活费？那时候的饭钱几乎就是生活费）。做父母的期望也就是能把孩子养大，孩子能够有自己的饭碗，如此而已。再加上那时候高等教育的规模很小，同年龄中能够读到大学包括大专的，连百分之一都不到，实在也困难得很。即使读大学，毕业后也是国家分配，天南海北，并不能够给家里很多经济上的帮助。子女读书优秀的，读到大学的也就是家长的一个光荣而已。因此，社会上绝大多数人对子女的要求就是好好学习，不要闯祸，不要留级，能够学到独立谋生的本领，如此而已。

人们不会对没有产生的愿望或极小概率事件发生忧虑。这样，那时候的中小学教育所经受的压力并不像现在这样大，基本上能够按照教育的规律按部就班地进行，好的学校、好的教师也就力争多教给学生一些科学文化知识（顺便说一句，民国的教育情况及社会背景实际上也与此相差不大）。因此，那时候的教育，是低水平上的正常教育。

在这一意义上，现在这样的急功近利，所有的人都“急吼吼”的，生怕一步跟不上就步步跟不上，使得我们的教育确实产生了许多问题，这恐怕是时代快速进步过程中不可避免的现象。生怕被落下，说明还是有愿望且有可能不被落下。有愿望比没有愿望好，有可能比没有可能好。在这个意义上，它仍然表征着社会的进步。

随着我们能够大幅度地提高劳动生产率，从而大幅度地提高各种工人的经济待遇，人们普遍能够过上较为体面的生活。我相信，在经济发展到比较发达的水平之后，也就是我们也跻身于经济发达国家行列，当教育已经不再成为人们摆脱贫困的手段之时，我们的教育就能够逐步走上正常发展道路。搞好教育的出路，并不都在教育本身，更在于经济的发展和有关制度的改革。我们需要为此而努力，但这并不是教育一个领域的事情，更是经济和社会发展的大事。

青少年科学竞赛如何影响了美国科学

Frank Wilczek

译者：梁丁当

Frank Wilczek，2004 年诺贝尔物理学奖得主，麻省理工学院教授。

1967年，美国副总统休伯特·汉弗莱与青少年科学竞赛决赛选手弗朗克·维尔切克合影。图片来源：科学与公众协会（Society for Science & the Public）

49 年前（这么久远?），我踏上了从纽约的格仁欧克斯（Glen Oaks）到首都华盛顿的旅程。我当时是一名 15 岁的高三学生，去参加西屋青少年科学竞赛的总决赛（Westinghouse Science Talent Search）。在那之前的几个月，我参加了一个考试，写了一篇短文，说服老师们推荐我，并完成了一个小的研究项目（细节见后）。为时一周的行程让我经历了很多第一次：第一次坐飞机，第一次住旅馆，第一次穿燕尾服，第一次见到诺贝尔奖得主，等等。我获得了第四名，副总统休伯特 · 汉弗莱（Hubert Humphrey）为我颁了奖。

这个经历改变了我的人生。最重要的是它给了我信心，让我顺利完成了从学习到创新的艰难转折：学习就是接受和掌握知识，单纯而快乐；创新则是一个挫败和沮丧常伴的过程，只是偶尔会有成功的惊喜。

上周（编注：指 2016 年 3 月下旬）我从波士顿来到华盛顿，再次参加这个已更名为英特尔青少年科学竞赛（Intel Science Talent Search）的总决赛。这次我的身份是前参赛者和这个比赛的组织者科学与公众协会（the Society for Science and the Public）的理事。不再有那些“第一次”带来的激动，但这次回头之旅依然从很多新的角度深深触动了我。

玛德琳蛋糕的美味没能勾起我美好的回忆（虽然它勾起了普鲁斯特[1]的）。真正打开我记忆闸门的是穿燕尾服和对着镜子调整黑领带，它们把正为这次英特尔盛会准备的我送回了 1967 年的西屋颁奖典礼。

赛事已经变了很多。女性有了更多的代表：今年参加决赛的女生人数第一次超过了男生。奖金更丰厚了，研究项目更复杂和有分量了。孩子们可以通过互联网广泛接触到最前沿的科学知识，现代技术让数据的收集和分析不再昂贵。

我在 1967 年的研究项目几乎是个纯数学问题。数学里有个概念叫群，一组东西之间如果满足一定的条件，它们就构成群。我想看看如果放松里面的一些条件会有什么后果。但是竞赛要求有一个实物。于是我设计了一个机械装置来模拟群里的运算。帮我建造完这个装置后，父亲露出了少有的笑容。

今年的获奖项目——都是 17 岁少年完成的——远远超越了我们那些项目。Paige Brown 研究了她位于缅因州坂格市（Bangor）的家附近的水质，她发现有大肠杆菌和磷酸盐问题并找到了解决的办法。来自麻省马尔博罗（Marlborough）的 Amol Punjabi 利用生物信息学和计算生物学发现了一些排序混乱的蛋白，这可能会对设计药物有帮助。而加州库珀提诺（Cupertino）的 Maya Varma 做了一个便宜而好用的肺活量测量仪，可以用来监测呼吸效果和帮助肺病患者。

但最根本的东西没有改变：我们那个年代对科学的追求和发明创新带来的快乐依然随处可见。我觉得我和参赛学生已经融为一体，那个少年时代的我也穿越了时间来到了现场。

这个青少年科学竞赛在美国科学中一直扮演着非常重要的角色，在资源有限的情况下，人们用传统作支点努力坚持着。相比许多奖金更丰厚的同类竞赛，这个竞赛取得了更大的成功。原因是它的比赛方式是经过深思熟虑的。每个参赛项目包含了很多部分，需要参赛学生、老师和学校的共同参与。特别是这个总决赛，安排了一周内容丰富和引人入胜的活动，让每个参与者都有一种归属感。

回来后，我感到自己是一个有传承的大家庭的一员，随着时间扮演着不同的角色。爱因斯坦在 1950 年有一段优美的文字，完全抓住了这种解放的感

[1]普鲁斯特（Marcel Proust，1871—1922），法国意识流作家，代表作是《追忆逝水年华》（In Search of Lost Time，À la recherche du temps perdu）。

觉:“每个人都是宇宙这个整体的一部分,这个部分受限于时间和空间……和其他部分分开——但这只是意识里的光学幻觉……不要深陷于这个幻觉,努力克服它,以获取内心的宁静。”

编者按:本文经 Wilczek 教授授权翻译,原载于微信公众号《赛先生》。

原文发表于 2016 年 4 月 1 日的华尔街日报,题目为 How a Search for New Talent Has Shaped American Science。

原文链接:http://www.wsj.com/articles/how-a-search-for-new-talent-has-shaped-american-science-1459522571。

从数学竞赛到数学研究

国际数学奥林匹克问题与研究问题之比较

——从 Ramsey 理论谈起

W. Timothy Gowers

译者：张瑞祥

W. Timothy Gowers，英国皇家学会院士，数学家、作家，1998 年菲尔兹奖得主。主要研究领域为泛函分析和组合数学。

摘要 国际数学奥林匹克（以下简称 IMO）选手和数学工作者都试图回答困难的数学问题，但是他们的工作有着显著的不同。当然，研究问题一般要用到大学程度的数学，这是 IMO 所不涉及的。不过，这其实不是二者最根本的差别。例如 Ramsey 理论是一个既广泛见于科研又广泛见于竞赛的话题。本文就以 Ramsey 理论中的结果和问题为例，来阐述科研和竞赛更深层次的差异。

1. 引言

许多人可能都有这样的疑问：一个在 IMO 这样的数学竞赛上表现优秀的人，能有多大可能最终成为出色的数学工作者？这是一个很好的问题——IMO 中的佼佼者们后来有人在研究中取得了极大的成功，也有人不再做数学了（他们通常在别的领域成就斐然）。也许我们只能这样说：在 IMO 中取得好成绩的人，很可能（但不是必然）在科研上也能有所建树。细想这倒也并不奇怪，因为竞赛和科研二者有着很重要的异同。

数学研究和数学竞赛的相似之处是显然的：无论哪种，我们的目标都是去解决一个数学问题。在本文中，笔者将以一个数学领域——Ramsey 理论——为例，来试图重点阐释二者的差别，许许多多的研究问题和竞赛问题都出自这一领域。以下笔者就希望通过举例来说明，我们往往可以从竞赛问题出发一步一步走到研究问题（反之亦然），但是在这条路的两端，风景却是迥然不同的。Ramsey 理论的科普书往往都从下面的问题讲起：

问题 1.1 *房间里有 6 个人，其中任意 2 个人要么互相认识要么互相不认识。求证存在 3 个人，使得他们要么两两认识，要么两两不认识。*

我想多数 IMO 选手都应该见过这个问题。不过如果你是头一次听说，那你应该放下这本书，先试试解决它。它并不困难，但是解题的过程是很有启发性的。

为了方便起见，我们先忘掉与数学无关的人际关系，抽象出本题的数学本质。一种方法是用点代表不同的人，然后在两点间连一条（不必是直的）线。这构成一个 6 *阶完全图*。为了表现这 6 个人两两的人际关系，如果两人认识，我们就把他（她）们对应的两点间的线染红，否则把他（她）们间的线染蓝。于是我们的 6 阶完全图的每条边要么被染成红色，要么被染成蓝色。用图论的语言，我们刚刚画出的点叫作这个图的*顶点*，那些线叫作图的*边*（之所以有这样的叫法，全因为我们有一类很重要的图是由一个多面体的顶点和边自然构成的。不过在那些例子里，除非这多面体是四面体，总会有些顶点之间没有连边，因此那样形成的图是*不完全*的）。自然地，我们可以把 3 个顶点和它们间的 3 条边称为一个*三角形*。那么我们就要证明：要么存在红三角形，要么存在蓝三角形。

为了证明这点，我们任取一个顶点，它和 5 个其他顶点有边相连。于是由抽屉原理，其中至少有 3 条边同色。不妨假设这 3 条边都是红色，也就是说有 3 个顶点和我们最早取定的那个顶点有红边相连。如果这 3 个顶点中有 2 个顶点之间的边是红色，那么我们就得到红三角形。如若不然，那么这 3 个点必然两两之间有蓝边，于是形成蓝三角形。证毕。

一般地，可以定义 $R(k,l)$ 为使得下述结论成立的最小正整数 n：把 n 阶完全图的每条边任意染成红蓝两色之一，则总是要么存在 k 个顶点两两间有红边，要么存在 l 个顶点两两间有蓝边。我们刚刚证明了：$R(3,3)\leqslant 6$（如果你想证明 $R(3,3)=6$[1]，你还需要找到一个对 5 阶完全图的各边进行红蓝染色的方案，使得既没有红三角形，也没有蓝三角形）。

$R(k,l)$ 是良好定义的，这是一个不显然的事实：Ramsey 定理断言：对任何 k,l，$R(k,l)$ 存在（即是有限的）。我们可以把刚才证明 $R(3,3)\leqslant 6$ 的方法推广，来证明 Erdős 和 Szekeres 的下述定理。这一定理不仅推出 Ramsey 定理，也给出了 $R(k,l)$ 的一个上界。

定理 1.2 *对任意 k,l，有*

$$R(k,l)\leqslant R(k-1,l)+R(k,l-1).$$

老规矩，如果你之前没见过它，那你应该试试自己去证（它比典型的 IMO 问题还是简单多了）。可以用上面的定理和数学归纳法推出 $R(k,l)\leqslant \binom{k+l-2}{k-1}$（你需要多做的是注意到 $R(k,1)=1$，如果你感觉 $R(k,1)$ 不舒服，那可以从更安全的 $R(k,2)=k$ 开始）。

[1]原文似乎语义不通，这里进行了润色。——译者注

于是我们知道 $R(3,4) \leqslant 10$。但是正确答案是 9。证明 $R(3,4) = 9$ 比前面的问题更有意思——不是太难，但是需要一点想法。由此加上定理 1.2 可知 $R(4,4) \leqslant R(3,4) + R(4,3) = 18$，这一回我们却得到了正确的答案。不过要想证明，你必须构造出一个对 17 阶完全图每条边的红蓝二染色，使得没有 4 个顶点之间的边全是同一种颜色。这个图是存在的，而且十分漂亮：和以前一样，为了不影响读者解题的乐趣我就不过多剧透了。

沿着这条路走下去，很快我们就进入了未知的领域。继续用 Erdős-Szekeres 不等式，我们发现 $R(3,5) \leqslant R(2,5) + R(3,4) = 5 + 9 = 14$，这个值是正确的。然后我们得到 $R(4,5) \leqslant R(4,4) + R(3,5) = 32$。McKay 和 Radziszowski 借助计算机证明 $R(4,5)$ 实际上是 25。目前关于 $R(5,5)$ 的最好结果是它介于 43 和 49 之间。

没有人知道我们是否最终能算出 $R(5,5)$ 的值。即使答案就是 43，用计算机试遍 $2^{\binom{43}{2}}$ 种对 43 阶完全图染色的可能，花费的时间也会久得不切实际了。显然我们可以把算法改进，但是目前的最好算法仍因计算量太大而尚未成功。不管怎么说，就算我们把 $R(5,5)$ 算出来了，看来算出 $R(6,6)$ 也是不太可能的（已知它介于 102 和 165 之间）。

你可能会问，为什么我们在这里用计算机枚举所有的图，而不是从**理论上**寻求确定 $R(k,l)$ 的办法呢？这是因为如果要求一个很大的完全图没有 k 个顶点两两连红边，也没有 l 个顶点两两连蓝边，那么这个图一般都是很混乱，没有什么结构可言的。相比之下，之前那些用来证明 $R(3,3) > 5, R(3,4) > 8, R(4,4) > 17$ 的图很有结构，从这种意义上来讲它们是具有误导性的。这是所谓“小数定律”的一个例子。（另一个更简单的例子是：前 3 个素数 $2,3,5$ 恰好是连续的 Fibonacci 数。这一事实是无足轻重的——小的数本来就那么几个，不出现巧合才怪呢。）

也许本就没有一个纯理论的推导能给出 $R(k,l)$ 的具体数值，我们能做到的最好办法就是在 k 和 l 比较小的时候用计算机借助好的算法得出答案，这样的处境无疑是尴尬的。也许你觉得这么说显得太悲观主义了，但是 Gödel[2] 告诉我们不能指望对所有问题都给出证明。在较小的 Ramsey 数的情形，Gödel 定理所说的困难并未出现，因为我们理论上可以用蛮力（尽管未必是人力）算出这些比较小的数。但是在更一般的情形，数学工作者大都会遇到的一个普遍现象仍然适用：好的结果未必就有好的证明。因此在数学研究中，

[2]这里指 Gödel 不完备性定理。——译者注

我们可以把上面的话总结为如下策略，它是数学竞赛选手绝不应该采纳的。

策略 1.3 当你在一个问题上束手无策，有时最好的办法就是放弃它。

实际上即使对于做研究的数学工作者，我也建议以上的策略轻易不要用，要用就一定要配合如下（同样不建议竞赛选手考虑）的办法使用。

策略 1.4 如果你解不出一个问题，设法改变这个问题。

2. Ramsey 数的渐近性态

上面我们遇到了一个我们算不出来的量。当我们遇到这种困境时，最常见的改变问题的方法是转而寻求一个比较好的近似公式，或者至少找到两个数 L 和 U 使得这个量比 L 大，比 U 小。在数学上，L 叫作这个量的**下界**，U 则是**上界**。我们希望 L 和 U 越接近越好。

我们已经有了 $\binom{k+l-2}{k-1}$ 作为 $R(k,l)$ 的一个上界。为了简单起见，我们先看 $k=l$ 的情形。这时我们的上界是 $\binom{2(k-1)}{k-1}$。我们能得到一个和它差不多的下界吗?

在回答这个问题之前，我们应该先想想 $\binom{2(k-1)}{k-1}$ 大概有多大。一个比较好（但肯定不是已知最好）的近似是 $(k\pi)^{-\frac{1}{2}}4^{k-1}$。我们可以把它想象成是 4^k 的增长级别的（因为当 k 变化时，我们得到的序列的相邻两项之比趋于 4）。

这作为 k 的函数已经相当大了，有没有希望找到一个和它差不多大的下界呢?

如果你对这个下界想要一个构造性的解法，即在给出下界的同时还给出作为反例的图中每条边的染色方法，那我们就得到一个寻找指数量级的构造性下界的问题。虽然这方面已经有了一些非常好的结果，但这仍是一个极为困难的未解决问题。但是，Erdős 在 1947 年给出了一个非构造性的给出指数级别下界的方法，它虽然简单，却起到了革命性的作用。我们这里不给出 Erdős 的证明，而只给出证明的想法。这里引入如下的术语是有用的：当我们对 n 个顶点的完全图的边做 2 染色时，如果顶点集合的某个子集中任两点间的边都是同一种颜色，那么就称这个子集是**单色的**。

证明思路 我们不试图去找具体的反例，而是对各边随机染色，然后证明单色 k 元顶点集的个数的期望小于 1。

如果我们做到这一点，那么一定有一种染法使得不出现单色 k 元顶点集，不然期望就不小于 1 了。这个证明需要的计算惊人地简单，最后会给出 $R(k,k)$ 至少是 $\sqrt{2}^k$（实际得到的数还要大些，但是不足以大到影响这里的讨论)。

这里的好消息是我们得到了指数级别的下界，坏消息则是 $\sqrt{2}^k$ 比 4^k 小了太多。我们能再改进任何一边吗？这是组合论的一个未解决的核心问题。

问题 2.1 *是否存在常数 $\alpha > \sqrt{2}$ 使得对充分大的 k，我们有下界 $R(k,k) \geqslant \alpha^k$？是否存在常数 $\beta < 4$ 使得对充分大的 k，我们有上界 $R(k,k) \leqslant \beta^k$？*

更大胆一点，我们可以问

问题 2.2 *$R(k,k)^{\frac{1}{k}}$ 是否趋于某个极限？如果是，那么极限是多少？*

可能 $R(k,k)^{\frac{1}{k}}$ 确实有极限。对这个极限有三个很自然的猜测：$\sqrt{2}$，2 和 4。现在看来我还没有真正有说服力的论证，能说明这三个猜测中某一个更有理由成立。

几十年过去了，在这几个问题上人们只取得了很小的进展。我们难道因此放弃吗？当然不应该。这些问题和计算 $R(6,6)$ 这样的问题都十分困难，但二者之间存在一个很深刻的差别：我们是*期望*这个问题有一个漂亮的理论解法的，只不过它太难找了。如果因为它太难就放弃，那就和数学研究的精神背道而驰了(有时一个数学家在很长时间研究一个问题却毫无进展时可以明智地选择放弃。但作为一个集体，所有组合学家们都会时不时尝试一下改进 $R(k,k)$ 的界，这里我是想说这样的集体努力应该在这问题最终被解决之前一直持续下去)。

3. 一般的 Ramsey 理论

Ramsey 理论中一个典型的定理通常都涉及一个结构(主结构)，而这个主结构包含很多与它相似的子结构。这个定理会说：如果你用 2 种颜色(或者更一般地，用 r 种颜色，其中 r 为正整数)对主结构进行染色，那么你一定能找到一个所有元素同色的子结构。例如当 $k = l$ 时，Ramsey 定理中的主结构是 $R(k,k)$ 阶完全图(或者更准确地，这个完全图的所有边)，子结构则是 k 阶完全子图。有些 Ramsey 定理也同时给出子结构的大小对主结构大小和使用颜色种数的依赖关系。

下面的著名定理属于 van der Waerden，它是 Ramsey 定理的另一个例子。

定理 3.1 *令 r 和 k 为正整数。则存在正整数 n，使得当我们对长为 n 的等差数列 X 进行 r 染色时，总能找到 X 的一个长为 k 的等差子数列 Y 使得 Y 中的数都同色。*

我可以再写很多关于 van der Waerden 定理和它的衍生品的内容，但那些和这里的主题——IMO 问题与研究问题的比较——里更一般的论题关系不大，我们就不提了。下面我换个方向。

4. 一个无穷结构和相关的 Ramsey 定理

至此为止，我们只对有限的结构——完全图和有限等差数列——进行过染色。Ramsey 定理也有一个版本是对无穷完全图成立的（作为另一个有趣的练习，你可以自己尝试叙述和证明它），不过我想考察另一个更复杂的结构：所有无穷 01-序列中那些“最终都是 0”的序列形成的空间。例如：

0010011101100000000000000000000000000000000000000000000000000000 $\cdots\cdots$

就是这样的一个序列。如果 s 和 t 是这样的两个序列，而且 s 的最后一个 1 在 t 的最前一个 1 位置的前面，那么我们可写 $s < t$（可以认为在 t 的所有“动作”开始之前 s 的所有“动作”就已经结束）。在这种情况下，$s + t$ 是另一个最终都是 0 的序列。例如你可以把

0010011101100000000000000000000000000000000000000000000000000000 $\cdots\cdots$

和

00000000000000001100011000110000000000000000000000000000000000000 $\cdots\cdots$

相加，得到序列

00100111011000001100011000110000000000000000000000000000000000000 $\cdots\cdots$

现在让我们假设已有序列 $s_1 < s_2 < s_3 < s_4 < \cdots$。也就是说，每个 s_i 都是 0 和 1 构成的序列，而且 s_{i+1} 中的所有 1 都在 s_i 中的所有 1 的后面才出现（注意：$(s_1, s_2, s_3, \cdots)$ 是一个由序列组成的序列）。因此任意有限个 s_i 的和都是一个仍属于我们的空间的序列。例如我们可以取和 $s_1 + s_2$，或者和 $s_3 + s_5 + s_6 + s_{201}$。所有可能的和形成的集合称为**由 $s_1, s_2, s_3, \cdots$ 生成的子空间**。

现在，我们考虑的整个空间可以被认为是由序列 $1000000\cdots$, $0100000\cdots$, $0010000\cdots$, $0001000\cdots$, 等等所生成。因此整个空间和它的任何子空间的结构在某种意义上是一样的。这是产生 Ramsey 类型定理的理想环境。我们甚至可以猜出下面这个定理的内容。

定理 4.1 *用两种颜色对最终都是 0 的所有 01-序列进行染色。则一定有一列无穷多个序列 $s_1 < s_2 < s_3 < \cdots$，使得由 s_i 生成的子空间是同色的。*

换句话说，无论你怎么对所有序列染色，总能找到一列序列 s_i 使得 $s_1, s_2, s_1 + s_2, s_3, s_1 + s_3, s_2 + s_3, s_1 + s_2 + s_3, s_4$ 等等都是同色。

这个定理属于 Hindman，它难度太大而不适合作为我们的练习。但是这里确有一个简单的练习：证明 2 种颜色的 Hindman 定理推出任意（有限）多种颜色的 Hindman 定理。

Hindman 定理通常叙述为如下更容易理解的等价形式，不过这个形式和我们下面要说的内容关系没有那么大。证明等价性留作另一个不难的习题。

定理 4.2 用两种颜色对正整数染色。则可以找到正数 $n_1 < n_2 < n_3 < \cdots$ 使得任意有限多个 n_i 的和都是同色的。

这个版本的定理是关于加法的。如果我们再引入乘法，会怎么样呢？甚至下面看起来很温和的问题也是未解之谜。几乎是在一瞬间，我们又进入了未知的世界。

问题 4.3 用有限多种颜色对正整数染色。是否总能找到整数 n 和 m 使得 $n, m, n+m, nm$ 都同色？退一步，能否使得 $n+m$ 和 nm 同色（除了显然的例子 $m=n=2$）？

这看起来很像 IMO 问题，差别在于它不巧难得太多。而且我们在这里也没有如下很重要的信息："有人曾解决过它，而且认为难度合适作为数学竞赛问题。"

5. 从组合到无穷维几何

一旦我们会用坐标来刻画三维空间，就很容易推而广之，定义任意 d（正整数）维空间。我们只需要用坐标来定义，然后增加坐标的个数就可以了。例如，四维立方体可以定义成所有点 (x, y, z, w) 的集合，其中 $0 \leqslant x, y, z, w \leqslant 1$。

如果我们希望，还可以把这概念拓展到*无穷*维空间。这通常在大学本科级别的数学中出现。例如，半径为 1 的无穷维球面可以定义为满足 $a_1^2 + a_2^2 + a_3^2 + \cdots = 1$ 的所有实数序列 $(a_1, a_2, a_3, \cdots)$ 构成的集合。这里的"球面"意思是指一个球的表面而不是整个球。

在无穷维世界里，我们可以谈论线、面和高维"超平面"[3]。特别地，我们对无穷维超平面感兴趣。如何定义超平面呢？为了定义三维空间中过原点的平面，我们只要取两个点 $\mathbf{x} = (x_1, x_2, x_3)$ 和 $\mathbf{y} = (y_1, y_2, y_3)$，它们所有的线性组合 $\lambda\mathbf{x} + \mu\mathbf{y}$ 就形成了这个平面。这里 $\lambda\mathbf{x} + \mu\mathbf{y}$ 写成坐标形式就是 $(\lambda x_1 + \mu y_1, \lambda x_2 + \mu y_2, \lambda x_3 + \mu y_3)$。在无穷维空间中我们可以类比地进行定义。我们取一列点 $\mathbf{p}_1, \mathbf{p}_2, \mathbf{p}_3, \cdots$（这里每个 $\mathbf{p}_i$ 自己又可以看成一列实数），

[3]这里超平面的定义和通行的中文文献中所指的（仿射）超平面有一点区别，见作者下面给出的定义。——译者注

然后取（满足适当技术性条件的）形如 $\lambda_1\mathbf{p}_1+\lambda_2\mathbf{p}_2+\lambda_3\mathbf{p}_3+\cdots$ 的所有线性组合。

如果我们考虑一个无穷维球面和一个无穷维超平面的交，我们能得到另一个无穷维球面（虽然这都是无穷维的对象，但是这和“球面和平面的交是圆”是类似的）。让我们称它为原来球面的一个*子球面*。我们再一次处在一个孕育 Ramsey 定理的绝佳环境里：我们有一个结构（球面），它有很多和它看上去完全一样的子结构（子球面）。如果我们对无穷维球面进行 2 染色，我们是否总能找到只有一种颜色的子球面呢？

我们有很好的理由来相信一个类似这样的结果是对的。毕竟它和 Hindman 定理的情形类似，都是对一个无穷维用坐标定义的对象染色，然后寻找一个无穷维、单色、与原对象类似的子对象。只不过在 Hindman 定理中，所有坐标都必须是 0 或 1 罢了。

但是很遗憾，我们的新问题答案是否定的。如果 $\mathbf{p}$ 属于一个子球面，那么 $-\mathbf{p}$ 一定也在这个子球面上。所以我们可以这样染色：如果 $\mathbf{p}$ 的第一个非零坐标是正的，就染红，否则染蓝。在这种染法下，$\mathbf{p}$ 和 $-\mathbf{p}$ 一定不同色（注意它们坐标的平方和是 1，因而它们一定有坐标非零）。

这个讨厌的障碍昭示了 IMO 问题和数学研究问题的另一个区别。

原理 5.1 *科研中很大一部分自然产生的猜想都要么是很容易解决，要么是提得不好的。提出有趣的问题则需要一定的运气。*

但是在这些不走运的情况下，我们可以试一试我前面提到的一个策略的一个不同版本。

策略 5.2 *如果你发现你在考虑的问题没有意思，那么改变它。*

下面就是对球面染色问题的一个小小修正，它把这个很坏的问题一下子变成了一个很棒的问题。让我们称一个子球面是 *c-单色*的，如果存在一个颜色，使得对这子球面上每个点，都有与它距离在 c 以内的点是这个颜色的。这里 c 很小，所以这个命题是说我们不要求子球面上的所有点都是（比方说）红色，而只是要求子球面上任何一点都和一个红色的点*很靠近*。

问题 5.3 *对无穷维球面进行 2 染色。对任意正数 c，是否总存在 c-单色的无穷维子球面？*

这个问题很久未获解决，在当时成为 Banach 空间理论的核心问题之一。Banach 空间是无穷维空间想法的形式化，在数学科研中是一个很重要的概念。很遗憾，这个问题的答案也是否定的，但是反例比起前面那个很坏问题的反例*更*有趣也*更*不显然。这个反例是由 Odell 和 Schlumprecht 发现的。

Odell 和 Schlumprecht 发现的反例使得我们对 Banach 空间寻找一个 Hindman 类型定理的希望破灭了（除了一个特殊空间，它和 01-序列空间的情况更为类似，我给出了一个这样的定理）。但是我们在下一节就会看到，它没有完全破坏 Ramsey 理论和 Banach 空间理论的联系。

结束本节之前，让我再提一个 IMO 问题和研究问题的区别。

原理 5.4 一个原来完全无法入手的研究问题过一段时间可能会变成很现实的目标。

对于只见过 IMO 问题的人来说，这可能显得奇怪：一个问题的难度怎么能随时变化呢？但是如果你回头看自己的数学经历，你可以发现很多“变得简单”的问题的例子。例如考虑如下问题：求正实数 x 使得 $x^{\frac{1}{x}}$ 取最大值。如果你知道正确的工具，你就会如下证明：取对数得到 $\frac{\log x}{x}$，求导得到 $\frac{1-\log x}{x^2}$，只有在 $x=e$ 时这是 0，往后它递减。因此最大值在 $x=e$ 取得。

发现这个解法并不难，理解起来也很直接，但只有当我们懂一点微积分时才会这么说。所以这个问题对不懂微积分的人是无从下手的，而对懂的人则是很现实的目标。在数学研究中，类似的事情也会发生。但是我这里要强调，它不是个别的现象，而是很*普遍*的。也就是说，其实有许多问题之所以无法入手，只是因为人们还没发明正确的工具。

你可能会反驳说，这不代表问题本身就无从下手，本来发明正确工具就应该是解答问题的一部分。某种意义上这是对的，但这样的论述忽视了如下的事实：我们用一个数学工具解答的问题，大多都不是促使这个工具产生的问题（例如 Newton 和 Leibniz 不是为了找出 $x^{\frac{1}{x}}$ 的最大值才发明微积分的）。因此，完全有可能是有人在考虑问题 A 时，发明了能解决问题 B 的工具，才使得问题 B 变成一个现实的目标。

我在这里说这些，是因为当初 Odell 和 Schlumprecht 在构造他们的反例时，是在 Schulumprecht 几年前的一个为完全不同目的例子的基础上（很巧妙地）修改的。

6. 关于 Banach 空间的一点补充知识

我还没讲清楚 Banach 空间是什么，可能我给读者留下了这样的印象：定义无穷维空间中距离的唯一方法就是把勾股定理推广，定义点 $(a_1, a_2, a_3, \cdots)$ 到原点的距离为 $\sqrt{a_1^2+a_2^2+a_3^2+\cdots}$。

然而还有一些别的方法可以定义距离，它们同样有用。例如对任意 $p \geqslant 1$ 我们可以定义 $(a_1, a_2, a_3, \cdots)$ 到原点的距离为 $|a_1|^p+|a_2|^p+|a_3|^p+\cdots$ 的 p 次方根。当然有些序列会使这个数成为无穷，我们定义空间时避免其包含这

些序列。

一开始这样定义距离的合理性并不显然，但我们发现这样定义的距离有很多很好的性质[4]。用 $\mathbf{a}$ 和 $\mathbf{b}$ 分别记序列 $(a_1, a_2, a_3, \cdots)$ 和 $(b_1, b_2, b_3, \cdots)$，用 $\|\mathbf{a}\|$ 和 $\|\mathbf{b}\|$ 分别记 $\mathbf{a}$ 和 $\mathbf{b}$ 到原点的距离，这通常称为 $\mathbf{a}$ 和 $\mathbf{b}$ 的*范数*。我们可以列出这些性质如下：

(i) $\|\mathbf{a}\| = 0$ 当且仅当 $\mathbf{a} = (0, 0, 0, \cdots)$。

(ii) 对任意 $\mathbf{a}$，有 $\|\lambda\mathbf{a}\| = |\lambda| \cdot \|\mathbf{a}\|$。

(iii) $\|\mathbf{a} + \mathbf{b}\| \leqslant \|\mathbf{a}\| + \|\mathbf{b}\|$ 对所有 $\mathbf{a}$，$\mathbf{b}$ 成立。

我们所熟悉的空间中距离的通常定义也满足这三个性质（注意我们可以定义 $\mathbf{a}$ 到 $\mathbf{b}$ 的距离为 $\|\mathbf{a} - \mathbf{b}\|$）。我们定义 Banach *序列空间*为一个带上某个范数的序列集合，要求这个范数满足上述性质 (i)–(iii). 严格的定义还包含另一个技术性条件（称为*完备性*），这里我们不讨论。

一类特殊的 Banach 空间是所谓的 Hilbert *空间*。满足 $\|\mathbf{a}\| = (\sum_{n=1}^{\infty} a_n^2)^{\frac{1}{2}}$ 的 Banach 空间就是 Hilbert 空间的一个特例。我们不给出 Hilbert 空间的定义，只告诉大家这类空间有很好的对称性质。一个这样的好性质是，Hilbert 空间的任何一个子空间都和原空间很像。我们其实已经见过这个性质了：当我们取一个无穷维球面和一个无穷维超平面的交时，我们得到另一个无穷维球面。在数学上，我们称任何一个子空间和原空间“同构”，这种性质似乎对别的空间都不成立，因此 Banach 自己在 19 世纪 30 年代问了如下问题。

问题 6.1 *如果一个空间同构于它所有（无穷维）子空间，那么它是否是 Hilbert 空间？*

简单来讲这就是问：Hilbert 空间是具有这个很好性质的唯一空间吗？这个问题的困难之处在于任意两个无穷维空间可以有很多同构的方式，所以对一个非 Hilbert 空间，要想巧妙选择一个子空间和大空间不同构很困难。

这个问题是我们说过的一个现象的另一典型例子，即别的问题上的进展使得这个问题从无从下手变得有希望。我本人足够幸运，可以说是在正确的时间来到数学上正确的地方。Komorowski 和 Tomczak-Jaegermann 的一些工作证明：如果这个问题有反例，它必须在某种意义上非常病态才行（注：本文中我提到一些多数读者不熟悉的数学工作者的名字，我就不一一指明他们都是数学工作者了）。

这种病态的空间的存在性十分不显然，但那时 Maurey 和我恰巧知道我们几年前构造出来的一个这样的空间。我们的空间*过于*病态，以至于出于完

[4]因而使它成为一个数学上说的“距离”。——译者注

全不同的原因，它也不能成为 Banach 原来的问题的反例。看起来好的例子不能成为反例，病态的例子也不能，这就告诉我们 Banach 问题的答案很可能是肯定的。为了从这个方向给出证明，我发现自己需要证明一个下面类型的性质。

性质 6.2 *每个无穷维 Banach 空间都有一个无穷维子空间，使得这个子空间的所有子空间要么都是好的，要么都是病态的。*

只要我们把好的子空间染成“红色”，而把病态的子空间染成“蓝色”，上面性质中这样的叙述就强烈地暗示一个 Ramsey 理论。

7. 关于子空间的一个弱 Ramsey 型定理

然而，性质 6.2 中的染色对象不是*点*，而是（无穷维）子空间。这是它和我们之前 Ramsey 理论中描述的性质的一个重要差别（不过我也想指出：本来在 Ramsey 定理里我们就是对边而不是顶点染色，因此对一些不是点的对象染色本就不是什么新鲜事）。我们怎样才能把它纳入一般框架呢？

这其实并不难。我们可以把我们染色的结构想成“一个给定空间所有子空间形成的结构”。如果我们任取一个子空间，那么*它的*所有子空间形成一个结构，这个结构和我们一开始的主结构是相似的。因此我们可以去试图证明一个 Ramsey 型的定理。

我们能指望的最好结果是：如果把所有子空间染成红色或蓝色，那么存在一个子空间，使得*它的*所有子空间都同色。但意料之中的是，这个结论太强不能成立。这既有有趣的原因，也有无聊的原因。“无聊”的原因和我们不能对无穷维球面染色而指望得到一个单色无穷维子球面的原因相类似。“有趣”的原因则是如下事实：即使我们把希望得到的性质修改一下而改为寻找*几乎*全部同色的子空间（这里的“几乎”有恰当的定义），也可以很容易地用 Odell 和 Schlumprecht 的关于对点染色的结果证明，但我们仍然不一定成功。

现在我们似乎走进了死胡同，但事实并非如此。原因在于对于我需要的应用，我并不需要一个完整的 Ramsey 定理这么强的结论。取而代之地，我发现一个“弱 Ramsey 定理”对我就足够了。下面我就简单描述当时的情况。

为了方便起见，我要引入一个看起来很奇怪的游戏。假设我们给定一个集合 Σ, 其中的元素都是形如 $(\mathbf{a}_1, \mathbf{a}_2, \mathbf{a}_3, \cdots)$ 的序列，而这里 $\mathbf{a}_i$ 都是 Banach 空间中的点（在本文中的许多地方，包括这里，搞清楚我在谈论的对象对读者都是有益的。事情可以很复杂：我刚刚说了，Σ 是序列的集合；但是每个序列里的每项都是 Banach 空间里的点，也就是实数的序列，因此我对它们加粗处理。我们可以更进一步，把每个实数表示为无限小数，因而 Σ 是一些“0

到 9 构成的序列构成的序列构成的序列”的集合。不过可能还是把 $\mathbf{a}_n$ 想成无穷维空间里的一些点比较好，你最好忘掉它们是由坐标定义的这回事）。对任意给定的 Σ，玩家 A 和 B 进行如下的游戏：玩家 A 任取一个子空间 S_1。然后玩家 B 选择 S_1 中的一个点 $\mathbf{a}_1$。接下来玩家 A 任取子空间 S_2（不需要是 S_1 的子空间），玩家 B 选择 S_2 中的一个点 $\mathbf{a}_2$，依此类推。经过这一无穷无尽的过程，玩家 B 终将选出一个序列 $(\mathbf{a}_1, \mathbf{a}_2, \mathbf{a}_3, \cdots)$。如果这个序列属于集合 Σ，B 胜，否则 A 胜。

显然谁有必胜策略严重依赖于 Σ 的选取。例如若恰好有子空间 S 使得任何满足所有 $\mathbf{a}_n$ 都属于 S 的序列 $(\mathbf{a}_1, \mathbf{a}_2, \mathbf{a}_3, \cdots)$ 都不属于 Σ，则 A 每次都取 S 即可获胜。但如果 Σ 包含了几乎所有的子空间，那么 B 一般会有必胜策略。

下面就是我们的弱 Ramsey 定理，它足以证明性质 6.2 的一个合适版本，从而可以让我们回答 Banach 的问题（问题 6.1）。我这里的叙述有点过度简化。在叙述定理之前，让我们做如下定义：对子空间 S，定义 **S 上的游戏**是这样的游戏：A 必须每次都选择 S 的子空间（因此 B 选择的每个点也必须是 S 中的点）。

定理 7.1 *对任何 Banach 空间中的任意序列集合 Σ，存在子空间 S 使得：或者 B 在 S 上的游戏中有必胜策略，或者 Σ 中根本就没有完全取自 S 的序列。*

为什么可以把它称为弱 Ramsey 定理呢？让我们把 Σ 中的序列都染成红色，其他所有可能的序列都染成蓝色。定理说我们可以找到一个子空间 S 使得要么 S 中的点构成的所有序列都是蓝色的，要么 S 中的点构成了足够多的红色序列，而使当游戏被限制在 S 上时 B 有可以产生红色序列的必胜策略。

换句话说，我们把要求“S 中所有序列都是红色”换成了“S 中有相当多的红色序列，使得 B 有可以保证产生红色序列的必胜策略”。

发现这个性质足以满足我们的要求，但正确地叙述它是一回事，想证明它就是另一回事了。这样我们就看到了 IMO 问题和研究问题的另一个区别：如下的解题策略在科研中比在竞赛中要重要得多。

策略 7.2 *如果你想去证明一个数学结论，那你可以寻找一个类似的已知结果，试着去合理地修改那个结果的证明。*

我并不是说这个策略在科研中总是管用，也不是说它在 IMO 问题中毫无用场。不过我们在考虑 IMO 问题时，更常见的是从头开始直接去做。现在回到我们的弱 Ramsey 定理，最终我们发现它很像另一个属于 Galvin 和 Prikry 的无限 Ramsey 定理。它们是如此相似，而使我能成功地修改后者的证明而证出前者。我非常幸运，曾在当时的几年前剑桥大学的一门课上听过 Béla Bollobás 讲述 Galvin 和 Prisky 的定理的证明。

8. 结论

作为结论，本节我没有太多新鲜内容要讲了。不过还有一点值得一提。如果正在阅读本文的你是一名 IMO 参赛选手，你可能会觉得你几乎什么都不用做，解竞赛题的能力就自然而然炉火纯青：有些人就是擅长数学。不过，如果你哪怕有一点点成为数学工作者的野心，早晚你都会意识到如下两条原理。

原理 8.1　*如果你几个小时就解决了一个数学研究问题，那它可能本就不是非常有意思。*

原理 8.2　*数学研究的成功，很大程度上是依靠辛勤劳动得到的。*

甚至对我已经举过的例子来说，这两条原理都已经很明显了。当我们刚开始试图解决一个真正有趣的研究问题时，我们对如何着手只有个模糊的想法。从这个模糊的想法到一个清晰的解题思路是需要时间的，何况多数清晰的思路最终都会被放弃——很简单，因为它们无法成功。但与此同时，你也需要准备好去捕捉这个问题与其他问题的联系，提前储备好你自己相关的数学知识和工具等等。任何成功的数学工作者都会花去数千小时思考数学，而只有很少的数小时的内容会直接把他（她）引向突破。从某种意义上而言，很难想象有任何人愿意去花这么巨量的时间。也许这是因为一个更深刻的原则，比如下面这个[5]。

原则 8.3　*如果你真的对数学感兴趣，那么艰苦的数学工作并不会使你感到繁琐：它就是你真正想做的事。*

参考文献

[1] Ron Graham, Bruce Rothschild, and Joel Spencer, *Ramsey Theory*. Wiley-Interscience Series in Discrete Mathematics and Optimization. Wiley, New York (1990).
这本书里有丰富的关于 Ramsey 定理、van der Waerden 定理、Hindman 定理, 以及其他很多结果的材料. 对于任何对这一话题有兴趣的人来说, 这都是非常值得推荐的入门读物.

[2] Béla Bollobás, *Linear Analysis: An Introductory Course, second edition*. Cambridge University Press, Cambridge (1999), xii+240 pp.

---

[5]原文的 principle 既可表原则也可表原理，翻译时考虑不同的语境做不同翻译。——译者注

Banach 空间属于数学中的线性分析这一分支. 这本入门课本应该会让 IMO 的参赛选手有兴趣. (去看看那些有两颗星的习题 ······)

[3] Edward Odell and Thomas Schlumprecht, The distortion problem. *Acta Mathematica* **173**, 259–281 (1994).
这本书里有第 5 节中提到的 Odell 和 Schlumprecht 的例子.

[4] W. Timothy Gowers, An infinite Ramsey theorem and some Banach-space dichotomies. *Annals of Mathematics (2)* **156**, 797–833 (2002).
这篇论文包括了我关于无穷博弈及其推论的结果.

上面这两篇读物假设读者对于 Banach 空间很熟悉, 因此可能对还没读大学的读者来说会非常困难. 另一种可能好一些的办法是去读读我写的关于 Ramsey 理论和 Banach 空间之间的联系的综述文章.

[5] W. Timothy Gowers, Ramsey methods in Banach spaces. In: William B. Johnson and Joram Lindenstrauss (editors), *Handbook of the Geometry of Banach Spaces, volume 2*, pp. 1071–1097. North-Holland, Amsterdam (2003).

如果你能找到这套手册的第一卷, 那么该卷的第一章是关于这一领域的基本概念的, 也会有帮助; 就是下面这篇:

[6] William B. Johnson and Joram Lindenstrauss, Basic concepts in the geometry of Banach spaces. In: William B. Johnson and Joram Lindenstrauss (editors), *Handbook of the Geometry of Banach Spaces, volume 1*, pp. 1–84. North-Holland, Amsterdam (2001).

编者按：本文由 Springer 出版社授权，译自 W. Timothy Gowers, How do IMO Problems Compare with Research Problems? Dierk Schleicher, Malte Lackmann Eds. *An Invitation to Mathematics: From Competitions to Research*, 2011: 55–70.

如何比较研究问题与国际数学奥林匹克问题?

——围绕游戏漫步

Stanislav Smirnov

译者: 姚一隽

Stanislav Smirnov，获得 1986 年第 27 届和 1987 年第 28 届 IMO 满分金牌（苏联），2010 年菲尔兹奖得主。

摘要 国际数学奥林匹克中的问题和数学工作者碰到的问题象吗? 我们将通过一些例子来看看它们的相似与不同之处。我们选择的问题来自于数学的不同领域，但是都与数的排列，图的染色，以及和它们相关的游戏（博弈）有关。

1 数学家解题吗?

当被问及数学研究是什么样的时候，数学家往往会回答：我们证明定理。这最好地揭示了数学工作中的核心部分，以及与，比如说生物学或者语言学，的区别。而且尽管在学校里我们会觉得好像所有的定理都在很久以前被 Euclid 和 Pythagoras 证明了，还是有很多悬而未决的问题。

事实上，研究数学家的确在解题。研究中有其他一些重要的部分，从学习新的知识和寻找不同领域之间的联系，到引进新的结构和概念以及提出新的问题。有些人甚至说提出问题比解决问题更要紧。无论如何，没有问题就没有数学，而解决问题就是我们的工作中的重要组成部分。就像写了好几本关于研究问题的书的 Paul Halmos 所说的：问题是数学的核心[1]。

学生们经常会问：做研究和国际数学奥林匹克（以下简称 IMO）的经历比较起来如何? 两者之间有很多的相似性，解题的技巧对于研究肯定有帮助，因此许多 IMO 参赛选手日后成为了数学家。但同时也有很多不同之处。那么，IMO 的问题和研究问题比起来怎么样?

解答的本质区别往往会被提及。一般说来，IMO 的问题会有一个很漂亮的解答，需要用到为数不多的方法（而且正常情况下至少有一个参赛选手能

[1]译者注: Paul Halmos 在 1980 年在 The American Mathematical Monthly 上发表了一篇题为 The Heart of Mathematics 的文章，其中写道，I do believe that problems are the heart of mathematics。

在四个半小时内找到解答）。而数学家碰到的问题经常需要用到来自数学的一些非常不同的领域中的方法，这样光靠聪明是不能解决问题的。不仅如此，对于很多陈述起来很简单的问题，人们只找到了又长又充满技巧性的解答；甚至有时候漂亮的解答根本就不存在。当你开始做一个研究问题的时候，你根本就不能肯定是不是有解。所以你不需要像在 IMO 竞赛中那样迅速，但是你需要更强的恒心——一个人很少能在四个小时里证明一个定理，有时候在一个重要问题上取得进展会需要好几年。不过从好的方面来说，数学现在也越来越成为一种集体活动，和别人展开合作交流也是非常有益的体验。

不仅是解答，有时候数学研究的问题本身和 IMO 的问题也有区别。IMO 每天的三道考题总能在一张纸上写完，而把数学研究中的绝大多数公开问题描述清楚就要费力得多。所幸，还是有些例外情况，在数学研究中有这样短小精悍的问题，数学家们非常喜欢——它们像是有某种催化功能，会把我们的注意力引向某个特定的领域。提出问题的动机也不尽相同。诚然许多研究问题（和绝大多数 IMO 问题一样）是由数学的内在美激发出来的，也有大量的问题来自物理或者实际应用，这时所提的问题就会有所不同。

那么，研究问题和 IMO 问题真的不一样么？我会说它们的共同点更多一些，数学家们喜欢漂亮的问题、优雅的解答和找到问题的解答的过程，这和 IMO 参赛选手别无二致。

为了凸显相似与不同之处，下面我来描述几个我碰到过的问题，它们作为 IMO 问题和研究课题（当然两者的表述会略有不同）都是很棒的。尽管它们来自数学的若干不同领域，每一个都和在某个图上放置一些数（或颜色）有关。

2 五边形游戏

五边形游戏问题是我在数学奥林匹克中解出的问题中印象最深的之一。这道题是德国的 Elias Wegert 提出的。他也是第 50 届 IMO 的协调员之一。

> 第 27 届国际数学奥林匹克
> 波兰华沙
> 第一天
> 1986 年 7 月 9 日
>
> **第三题** 正五边形的每个顶点对应一个整数，使得这五个整数之和为正整数。若其中三个相邻顶点对应的整数依次为 x, y, z，且 $y<0$，则

我们可以进行如下操作：把 x, y, z 分别替换为 $x+y, -y, z+y$。只要所得的五个整数中至少还有一个负数，我们就重复这种操作。问：这样的操作是否一定会在有限步之后终止?

我是当年的考生之一，这是一个非常好的问题，可能是那次 IMO 中最难的一个题[2]。几乎显然地，我们应该去找到一个由构型[3] 决定的正整数值函数，会随着每次操作递减。事实上，当时的考生找到了两个这样的半不变量，而既然我们不能在正整数集合中找到一个无穷递减的序列，这样的操作必定会在有限多步之后终止。

这是一个经典的组合问题，如果你对数学竞赛足够了解，那么你肯定见到过一些与之类似的问题。有趣的是，这道题的经历更像一个研究问题。它最早是受关于多边形的局部反射的研究中出现的一个问题启发得来的。所以哪怕是启发问题的领域，几何，也是很不一样的。

这个游戏的组合结构本身就很有趣，在不同于五边形的图上研究这个问题可以导致一系列 IMO 问题，说不定还能就此写篇论文。但是和代数问题的联系出现了，这就使这个问题对于数学研究而言变得有趣得多。在那次 IMO 之后差不多 20 年在一个研究讨论班上我非常欣喜地听到一个从五边形游戏引申出来的报告。做报告的是 Qëndrim Gashi，他用 Shahar Mozes 提出的这个游戏的一个版本来证明代数中的 Kottwitz-Rapoport 猜想。到目前为止，五边形游戏的各种版本大概引出了十来篇研究论文——对于一道 IMO 问题来说这真的很不错!

这些不同领域之间的、简单和复杂的课题之间的、令人意想不到的联系，是做数学研究的最美妙的事情之一。遗憾的是，在 IMO 比赛中，这些往往被忽视。

3 生命的游戏

有很多关于数的游戏，它们会引申出更为宽泛的联系，常常超出数学的范围。

最著名的可能是 John Conway 的**生命的游戏**。这是最早由 John von Neumann 和 Stanislav Ulam 引进的被称为元胞自动机的一类非常丰富的游戏的一个例子。在这样的游戏中，图就是一个平面网格，我们只会用到一个有限的数（或者状态）的集合，和一个**同时**把每一个数都根据与它们相邻的

[2]译者注：根据 IMO 的官方网站 www.imo-official.org 上显示的统计数据，的确如此。

[3]译者注：即五个点上的数值组合。

格子的状态按照某种规则变化的操作。

生命的游戏是在一个平面网格上进行的，每一个方格（正方形）可以取两种状态：1 和 0。同时改变所有格子的状态的操作根据一个依赖于它们的 8 个邻居（即和它们有公共顶点或者公共边的方格）的状态的简单规则来进行。这个规则一般用死（状态 0）和活（状态 1）细胞的语言来描述：

- 有 2 或 3 个活细胞邻居的细胞还是活的；
- 有 <2 个活细胞邻居的细胞似乎因为孤独而死掉；
- 有 >3 个活细胞邻居的细胞似乎因为过分拥挤而死掉；
- 有 3 个活细胞邻居的死细胞会活过来；
- 有 $\neq 3$ 个活细胞邻居的死细胞还是死的。

规则是简单的，但是这会导致非常复杂的现象。除了那些保持不变的构型（比如恰有构成 2×2 正方形的 4 个活细胞）或者那些会形成周期震荡的构型（比如恰有构成 1×3 长方形的 3 个活细胞），还有一些会产生非平凡演化行为的构型。例如，“滑翔机”会每做四次操作就向右下方移动一格，而“Bill Gosper 的枪”构型能够每做三十次操作就射出一个滑翔机[4]。利用这样的格式我们甚至可以用生命的游戏来做一个计算机的模型，当然相应的构型会非常巨大和复杂。同样，复杂混乱的构型往往会变化为具有一定结构的复杂格式，从而会让从哲学家到经济学家的其他领域的科学家们觉得这个游戏有意思。

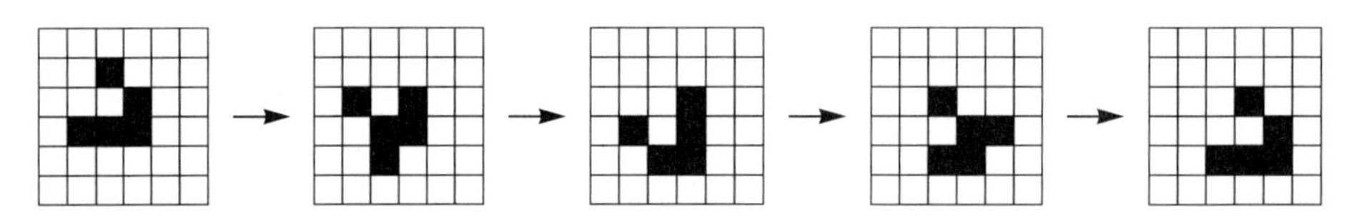

图 1　滑翔机构型：每做四次操作，它就向右下方移动一格。活细胞染成黑色，死细胞染成白色

生命的游戏由 Martin Gardner 传播到了数学圈子之外，现在我们很容易在网上找到相关的信息，包括动态模型（“实时”观察生命的游戏是很有启发性也很有趣的，例如 http://www.bitstorm.org/gameoflife）。不仅如此，关于这个游戏的很多问题可以同时作为 IMO 的考题和研究问题，而且还有其他很多有趣的元胞自动机。

[4]译者注：Bill Gosper，美国数学家，他在 1970 年第一个发现了这样的构型，因此从 John Conway 那里赢了 50 美元。所谓的“枪”指的是构型的（主要）部分会呈现周期性变化，而在主要部分周期变化的过程中会周期地“射”出“滑翔机”。

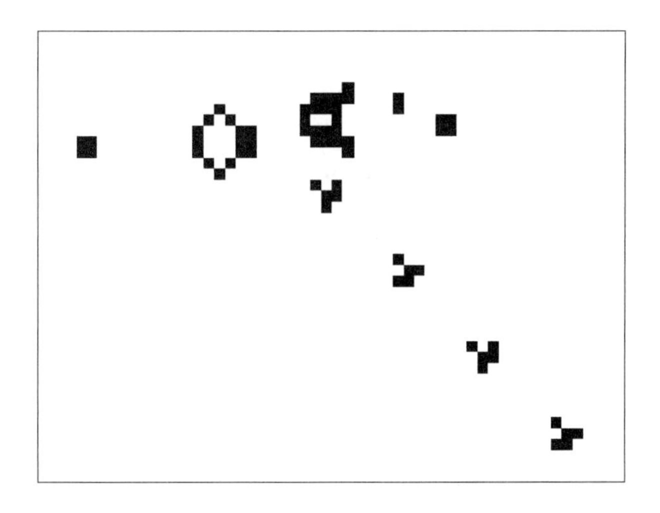

图 2 Gosper 的枪构型：每做三十次操作，它射出一个滑翔机。也有其他的可以把滑翔机反射、旋转或者摧毁的构型。拼在一起它们可以用来构建非常复杂的结构，甚至建立一个计算机的模型

4 沙堆模型

如果我们想对更多的现象进行建模，那么加上一些随机性，使得演化不再由初始状态唯一决定，看上去会是一个自然的做法。事实上，一直以来我们都知道在简单游戏里引进随机性（粗略地说，就是取至少两个规则，并且在每个顶点处都扔硬币来决定到底用哪个规则）可以精确地为很多有相变的现象建立模型——从铁磁材料到流行病的传播。而当人们意识到类似的现象可以在通常的非随机游戏中被观察到，还是颇为吃惊的。

一个著名的这样的游戏，*沙堆模型*，是由三个物理学家 Per Bak，Chao Tang 和 Kurt Wiesenfeld 于 1987 年引进的。这个游戏是在无穷大方格网中的有限个方格中写上正整数，其他格子中标 0。这些数可以视作沙堆的高度。（我们也可以在一个有限区域内玩这个游戏，但是此时需要有一个方格被指定为“深坑”，所有落到那个格子里的沙粒都会消失。）

在原始模型中，所有的格子里的数是同时变化的。下面我们给一个修订的版本，这是 Deepak Dhar 给出的，在这里方格中的数的变化规则不变，但是每次只改动一个格子里的数，就像在五边形游戏中一样。不过操作还是略有不同：在五边形游戏中，我们把值为 y 的顶点处减掉 $2y$，再把这个量均摊到相邻的顶点处，在这里我们要减去 4。更精确地说，在沙堆模型中所进行的操作如下：如果某个格子中有 h 颗沙粒，当 $h \geqslant 4$ 时我们认为它太高了，因此会坍塌，然后会分给与之相邻（就是有公共边）的每一个小方格一颗沙粒。假设我们以 h_1, h_2, h_3 和 h_4 来表示这四个格子中的沙粒数，那么我们的操作

可以表示成

$$h \to h-4,$$
$$h_j \to h_j+1.$$

和五边形游戏一样，只要还有小方格满足 $h \geqslant 4$，操作就会进行下去。到某个时候，会达到某个稳定构型，即所有的 $h \leqslant 3$，这时我们就停下了。以一个稳定构型为最终结果的操作序列称为一个**雪崩过程**。

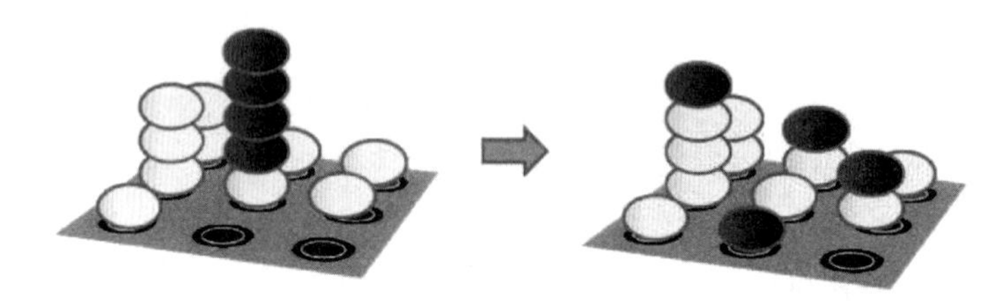

图 3　一个有五颗沙粒的堆坍塌了，给它的四个相邻方格各加上一颗沙粒。请注意这时我们新产生一个有四颗沙粒的堆，马上就可以坍塌。（图上画的是一个无限大平面网格中的一个 3×3 方块。）

为了好好研究沙堆模型，我们首先要解决一个与 1986 年 IMO 问题很相似的问题：

> 证明每一个雪崩过程都会在有限步之后停止。

往往会有不止一个沙堆有比较大的高度，所以我们就可以选择其中之一让它坍塌。但是（和五边形游戏不同），看上去

> 在一个雪崩过程终止的时候，无论中间按照什么顺序进行操作，最终我们都会得到同样的构型。

你能证明这两个结论吗？除了能作为研究论文中的重要引理之外，它们还可以作为很好的 IMO 考题。

根据物理学家的说法（我们非常尊重同事——数学和物理之间的互动对于两个领域都非常有益），真正有趣的问题从这里才算开始。当一个雪崩过程终止以后，我们可以在某个固定的中心小方格（或者一个随机的格子）里再加上一颗沙粒。这会引起新的雪崩。如此往复。

当沙堆模型的原始论文出现的时候，物理学家正在努力地寻找自然界中两种现象的解释："$1/f$ 噪声"和空间分形结构的出现。这两种现象都经常会在日常生活中碰到："$1/f$ 噪声"（这样命名的原因是它的能量和频率成反比）会出现在家用立体声音响系统的嗞嗞声，人体心跳，或者股市波动这样一些

图 4　由 50000 颗沙粒放在某一个格子中引起的雪崩过程。图中显示的是后来得到的一个构型，四种颜色分别表示相应的格子里有 0，1，2 或 3 颗沙粒。整个图形的外形基本上是圆的。如果我们加更多的沙粒，能得到更圆的图形吗？

非常不同的地方。而看上去很混乱但是又自相似的分形结构（这样命名的原因是它们表现得像具有分数维数一样）会出现在云朵的形状，血管系统，或者山脉的造型中。根据物理观察，我们可以问这样的问题：给定一个 N 颗沙粒构成的沙堆，一个雪崩过程的平均直径（大小）、长度（先后崩塌的沙堆个数）或者形状，会是怎样的？

计算机模拟实验显示，在沙堆模型中，两种现象都会产生：在一个稳定构型中加上若干颗沙粒会引起一个分形形状的雪崩过程，而且其大小的分布也会和“$1/f$ 噪声”差不多。而且，往往会出现这样的情况，加上一颗沙粒之后，要么基本上不发生变化，要么会让几乎整个稳定构型坍塌进入一个雪崩过程。这样的行为是处于“临界点”的物理系统的特征，就像冰点附近的液体，一个小小的变化（稍稍降低温度，或者放入一枚小晶体）可以使其结冰。不过，沙堆模型是会被吸引到临界点的，而绝大多数物理系统是很难保持临界状态的。而且沙堆模型虽然描述起来很简单，却是被物理学家称为“自组织临界性”现象的第一个数学实例。

尽管大量的计算机模拟已经给出了令人信服的证据，我们也有了大量的文献，绝大多数这样的问题在 20 年后仍然悬而未决，而且这是在数学家们（每天）工作时间远远超过四个半小时的情况下！不仅如此，我们甚至不清楚这样的问题会不会有一个漂亮（且可被证明的）解答，而且这些问题的原始动机来自于数学之外，所以看上去它们不适合作为 IMO 的考题。

尽管沙堆模型的原始动机来自物理，数学家们在那之后受该模型的简洁与美感启发，问了不少关于它的数学问题。有些这样的问题本质是几何的，所

图 5 在图 4 的基础上，在一个非中心方格中加一颗沙粒之后引发的雪崩过程。深色处是那些有多次崩塌发生的小方格；其余的小方格则淡化了。这样一个雪崩过程的平均大小会是多少?

以只要我们有一个漂亮的解答就能拿来作为 IMO 考题。例如，我们可以在原点处的方格中不停地加沙粒，这样（最终得到的）稳定构型就会越变越大。它会不会像图 4 暗示的那样变得像个圆？显然不会——看上去过一会儿就会有边越变越大。那么它的形状究竟会是怎么样的呢？我们如何来解释我们看到的那些复杂的花样？尽管人们做了很多工作，仍然说不出个所以然来。

5 不自相交的路径

这篇文章以我在 1986 年 IMO 上解出的一道题开始。所以用一道我正在试图解决的问题来结尾是合适的。最近，我花了很多时间来研究一大类关于正在发生相变的系统的问题，它们也可以表述成在一个网格上进行的游戏。最著名的一个可能就是 Ising 模型，它可以应用到很多现象中，从金属的磁化到大脑的神经元活动。它可以用与生命游戏类似的方式来表述：每个小格子可以有两种状态（磁极的 + 和 −，神经元的激活与静息）。操作仍然需要数邻格中 + 的个数，但是我们还需要扔硬币来决定结果。我们假设硬币是有偏差的，且这种偏差使得小格子会倾向于选择它的邻格中多数所处的状态。

有趣的是，当偏差逐渐变化的时候，Ising 模型的一般状态会出现一个从混沌态到有序态（就是绝大多数小方格都趋向于同一个状态）的相变。也有一个决定论的版本，只在生成初始态的时候用到随机性。

这方面有一系列类似的问题，下面我来描述一个可能是陈述起来最简单的。我们甚至不需要定义一个游戏——只需要在一个网格上去数满足要求的构型的个数。而且在这里我们会发现化学、物理和数学之间的一个有益的互动!

在 20 世纪 40 年代，诺贝尔化学家得主 Paul Flory 想知道一个高分子在空间中是怎么放置的。他建议用一个网格中不自相交（一个分子当然不会和自己相交）的一些线段来建立高分子链的模型。换句话说，想象一个人在一个网格中走，并确保不会两次经过同一个节点。我们称这是一条**不自相交路径**。这样每条 n-步路径就会给出一条长度为 n 的链的一个可能位置。

一个根本的问题是一条一般的链会长什么样，但是在回答这个问题之前，我们需要问下面这个问题：

> 在一个网格中，有多少条从原点出发、长度为 n 的不自相交的路径？

记这个数字为 $C(n)$；通过旋转可以相互得到的路径被认为是不同的。这显然依赖于具体的网格，一般说来我们并不指望有一个漂亮的公式来表达这个量（但是这样的公式还是有可能存在的——奇迹时不时地会发生）。我们接着可以问，这个量会以多快的速度依赖于 n 增长。一个 IMO 类型的问题是：

> 证明，存在一个常数 μ，使得当 n 趋向于 ∞ 时，不自相交路径的条数 $C(n) \approx \mu^n$。

这里 $\approx$ 的意义是，不管取多小的正数 ε，对于足够大的 n，都成立 $(\mu-\varepsilon)^n < C(n) < (\mu+\varepsilon)^n$。上面这个问题并不困难，只要注意到一条长度为 $n+m$ 的不自相交路径可以拆成两条长度分别为 n 和 m 的路径就可以了。事实上，它的前 n 步自然是一条（从原点出发的）长度为 n 的不自相交的路径，而后 m 步则给出一条从第 n 步终点处出发的、长度为 m 的不自相交的路径（这条路径可以通过平移把起点移到原点）。这样，$C(n+m) \leqslant C(n)\cdot C(m)$。

另一方面，如果我们把两条长度分别为 n 和 m 的不自相交路径首尾相连地粘在一起，那么得到的长度为 $n+m$ 的路径未必是不自相交的，所以一般说来我们不会得到等式。这样就使得计算 $C(n)$ 变得困难。

这个数 μ 被称作**连接常数**，并有着一些重要应用，因此确定它的值是相当重要的。连接常数 μ 依赖于网格，这一点可以从比较平面上六边形网格和正方形网格的连接常数值看出来。一个 IMO 类型的问题是去证明

$$\mu_{\text{六边形}} < 2 < \mu_{\text{正方形}}.$$

非严格的不等式“$\leqslant$”是容易的，你能证明“$<$”吗？

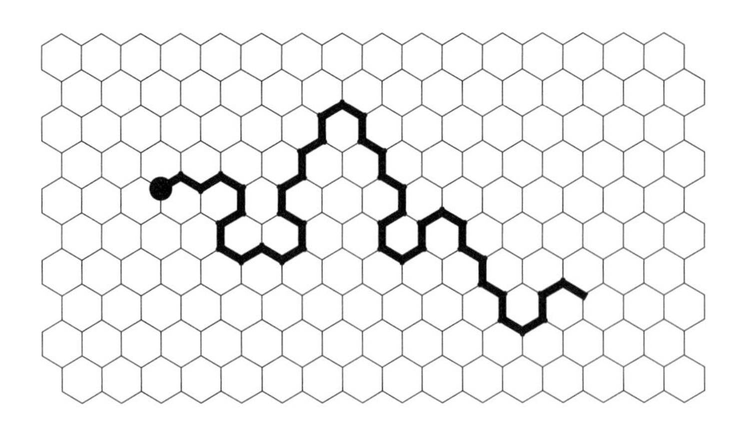

图 6 在六边形网格中的一条不自相交的路径。从原点出发，我们沿着六边形的边前进，确保每个顶点至多经过一次。有多少条长度为 n 的这样的路径?

尽管人们证明了很多不同的估计，过了很久才有人给出了关于精确数值的猜测。1982 年，物理学家 Bernard Nienhuis 发现了一个启发性的推理，可以用来给出如图 6 中那样的一个二维六边形网格的 μ 值。他的推理强烈建议此时我们应当有

$$C(n) \approx \left(\sqrt{2+\sqrt{2}}\right)^n,$$

而且更进一步，如果我们想要更精确的估计，对于任意 $\varepsilon > 0$，对于充分大的 n，都有

$$\left(\sqrt{2+\sqrt{2}}\right)^n n^{\frac{11}{32}-\varepsilon} < C(n) < \left(\sqrt{2+\sqrt{2}}\right)^n n^{\frac{11}{32}+\varepsilon}.$$

他的推理很漂亮，很有启发性，但是数学上不严格（如果作为答卷交到数学奥林匹克去是得不到满分的）。

过了 20 多年才找到一个确认上述预言的数学证明。在德国不来梅 IMO 五十周年纪念活动中给了一个关于这个问题的讲座之后两个月，我就和 Hugo Duminil-Copin 一起证明了在平面六边形网格上，的确有 $\mu = \sqrt{2+\sqrt{2}}$。令人惊奇的是，证明是初等的，而且很短，能够在一场 IMO 的时间里写完! 我们仔细地数了不自相交的路径，不仅考虑它们的长度，还考虑它们的绕数（即它们转弯的次数）。μ 的值就在和转向有关的关系中出现了，它的值是 $2\cos(\pi/8)$。

因此这样一个证明等了这么多年才被找到是令人惊讶的? 这样一个问题能作为 IMO 问题吗? 这两个问题的回答都是否定的：虽然我们数数的方法是初等的，但是第一次找到这个方法一点也不简单，不仅需要数学，还需要一大堆物理知识。而那个指数 11/32 呢? 我们大概比以往任何时候都要更接近它。数学家 Greg Lawler，Oded Schramm 和 Wendelin Werner 解释了它

可能会从哪里来，而和我们的结果合在一起就有可能给出最终的证明。但是这可能还要等几个月，或者几年，也很可能不是初等的——很神奇的是，和 $2\cos(\pi/8)$ 相比，数 11/32 会以一种复杂得多的方式出现！

6 结论

无论你选择怎样的生活道路，在 IMO 中获得的解题经验都将有所帮助。但是如果你选择做一个数学家，那么这样的经验会显得特别有用，而且哪怕在数学研究当中除了解题以外还有很多其他的东西，那些在很大程度上也是很令人兴奋的。数学是一个令人兴奋的领域，有很多美妙的问题和不同分支之间乃至和其他学科之间的令人叹服的联系。数学已经成为一个真正的团体合作的杰作，而且和 IMO 一样地国际化——仅仅是这篇短文中提及的研究人员就来自十多个国家。我希望能有很多 IMO 的选手日后成为数学家，我们会再次相遇的。

拓展阅读

在与上面讨论过的话题相关的书籍中，我试着挑了几本对于数学工作者有意思，并且文笔流畅，有兴趣的高中生也能看懂一些的书。很巧，上面提到过的三位数学家也在这些书的作者之中。

有很多关于解题的书，其中有不少对于数学竞赛和数学研究都有价值。我只提两本（尽管我喜欢的还有很多）。

[1] George Pólya, *How to Solve It.* Princeton University Press, Princeton (1945)[5].

这可能是第一本有名的关于解题的书，它产生过巨大影响。时至今日它仍是一本经典，历久而弥新。

[2] Paul Halmos, *Problems for Mathematicians, Young and Old.* The Dolciani Mathematical Expositions. The Mathematical Association of America, Washington (1991).

本书作者写了好几本关于研究数学的问题的书。这是其中最容易读的一本；其中有很多问题处于 IMO 和研究数学的边界上。

在关于博弈的众多科普书籍中，只有几本对我们有用：我们讨论的是没有随机性的单人游戏，因此状态的演化完全由初始状态决定。尽管如此，还是有一些非常好的书。

---

[5] 译者注：有中译本《怎样解题》，科学出版社，1982 年。

[3] Elwyn R. Berlekamp, John H. Conway, and Richard K. Guy, *Winning Ways for Your Mathematical Plays, second edition.* AK Peters, Wellesley (2004).

这套（非常生动活泼的）四卷本著作讨论了有一个或者几个玩家的非随机博弈的一般理论，并描述了很多例子。在最后一章中讨论了（由作者之一发明的）生命的游戏。

[4] Joel L. Schiff, *Cellular Automata: A Discrete View of the World.* Wiley-Interscience Series in Discrete Mathematics & Optimization. Wiley-Interscience, Hoboken (2008).

这可能是介绍元胞自动机的最好的一本科普图书，其中讨论了生命的游戏，沙堆和 Ising 模型，以及其他很多内容。中学生能读懂，而且对数学工作者也很有意思。

类似地，关于物理现象的随机模型也有很多科普书籍，不过其中绝大多数都着重讲述了物理方面。

[5] Gregory F. Lawler and Lester N. Coyle, *Lectures on Contemporary Probability.* Student Mathematical Library, volume 2. The American Mathematical Society, Providence (1999).

这是一些关于概率的讲座的小册子，几乎不要求任何背景知识。其中讨论了几个非常现代的研究课题，从不自相交路径到洗牌。

[6] Alexei L. Efros, *Physics and Geometry of Disorder: Percolation Theory.* Science for Everyone. Mir, Moscow (1986).

这是通过对网格进行随机染色来研究相变的数学领域的一本入门读物。该书文笔优美，而且是专门为高中生写的。

编者按：本文由 Springer 出版社授权，译自 Stanislav Smirnov, How do Research Problems Compare with IMO Problems? Dierk Schleicher, Malte Lackmann Eds. *An Invitation to Mathematics: From Competitions to Research*, 2011: 71–84.

创新与教育

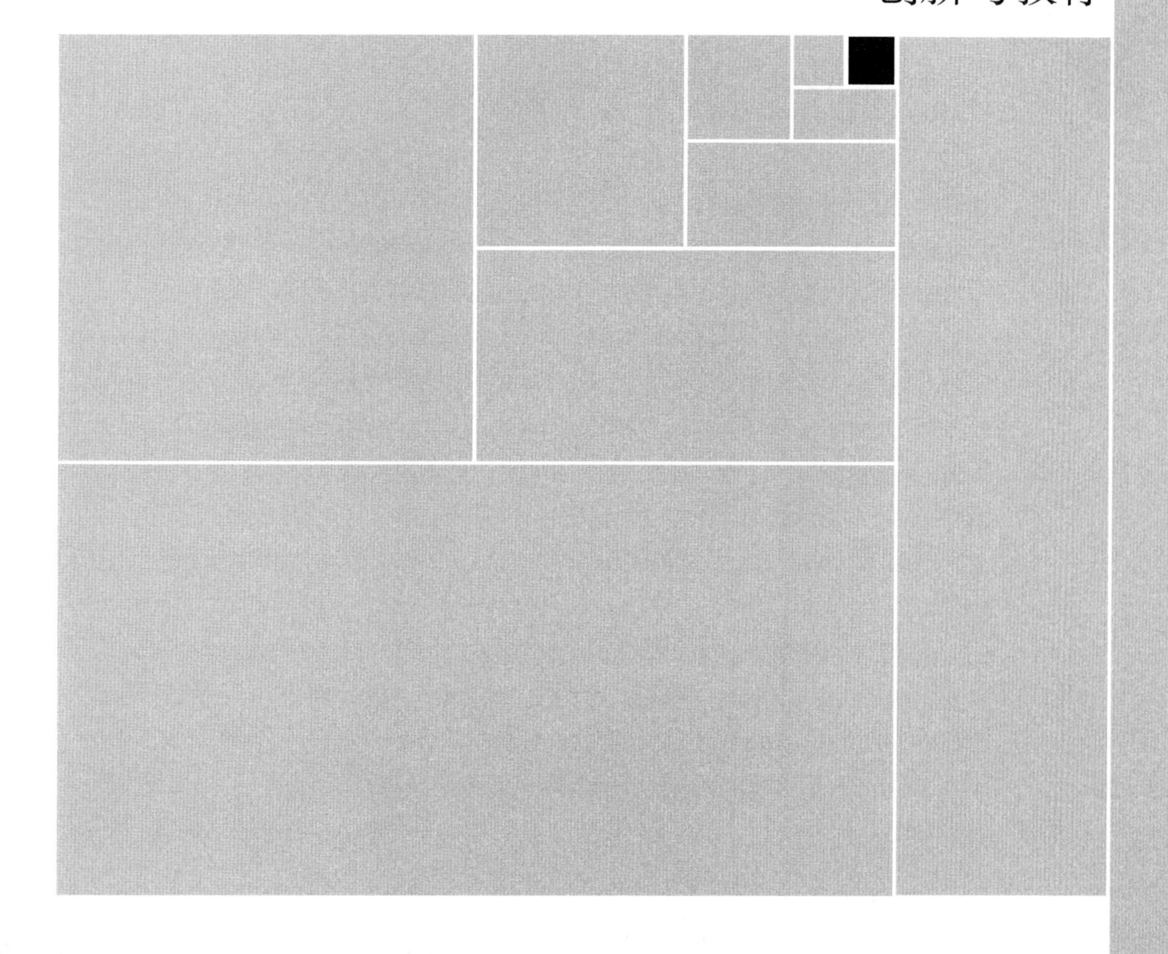

创新的挑战与教育的缺失

谢耘

谢耘，首都科技领军人才，神州数码信息服务股份有限公司首席科学家。

创新的根本挑战在于探索不确定的未知；教育应该注入有效地面对不确定性的训练，并承担起人类探索未知事物的实践的传承。

经过了自鸦片战争起上百年艰苦卓绝的追赶，跨入新世纪后，中华民族正在迈入超越与引领的新阶段，创新成为了全社会的共识。这是伟大的民族复兴的进程中，极为重要的驱动模式的转换。它给社会方方面面都带来了前所未有的挑战。

人们对于创新有着众多的解读和诠释。剥开那些特征各异的具体创新形态，创新最根本的意义便在于它对现有存在的突破，在已有的领域空间之外，开拓出新的道路与疆域。这是一种最充分发挥人类生命的主动性的、“无中生有”的过程。它是人类文明发展的根本动力源泉。正是在这个意义上，创新固然需要众多的外部条件，但是最根本的，还是在于人的主观能动性。创新最大的挑战，也正是对人性某些局限的挑战。

创新是为了开辟一条新路，所以不确定性成为了创新无法回避的一个根本性问题，也是进行创新的过程中我们面临的最大挑战，特别是对具有突破性质的、开疆拓土的原始创新而言。具体地说，与技术和产品相关的创新对人性中最为本质方面的挑战有三个。我们是否有勇气与能力去面对事先无法预判，只有用未来的实践结果，事后才能回答的三个“未知”。

第一个未知，是创新所指向的方向的正确、合理与可行性的未知。进行创新，首先要判断大方向是否正确合理。我们向往的未来目标，是现实可达的人间仙境，还是可望而永远也不可及的海市蜃楼。未来是无法基于已有的事实用逻辑推演来严格论证的。未来在成为现实之前，在绝大多数情况下是不确定的。对未来的困惑，是人类自走出蒙昧之后就一直存在于内心中的深深的不安。所以算命才成为了人类最古老并一直香火不断的长青行当。

创新所必须面对的不可预知、不确定的未来，成为了创新对人性的最大挑战，也是无数人无法逾越的障碍所在。

当我们走上创新之路的时候，对于不确定的未来，我们必须给出一个确定性的判断。这种判断，当然与我们的经验有关，但一般都不是经验的简单外推或重复。它是基于历史而对未来的一种洞见。由于我们无法在成功之前严格论证这种洞见，所以它在被创新的产出结果证明之前，对绝大多数人来说，可能都是没有说服力的。因而创新在被接受之前，常常是一段漫长而孤独的奋斗。这是对人胆识与自信的挑战，也是对创新者把握未来方向能力的挑战。

今天我们认为理所当然的事情，在成为现实之前却远不是那样显而易见。在这一点上，我们不应该对自己的智力有过高的估计。开拓创新者的伟大，不在于创造了一个完美的结果，而在于用自己的实践证明了一种全新的可能，在无路处踏出一条通向光明的小径，从而引来无数的跟随者，将曲径扩展成大路，进而开拓出一片新的天地。

第二个未知，是创新应该采取的具体方法路径是未知的。人类很早就渴望能够像鸟一样自由地飞翔。许多天才为了这个梦想做过不懈的努力。在最初的阶段，人们采取的技术方法是期望不断地扇动人造的翅膀，模仿鸟类飞向天空。这条路径当初显然没有能够走通。后来人们利用了流体力学研究的成果，采用牵引/推动加上固定式机翼的方式，实现了人类渴望已久的飞行梦想，在 20 世纪初开启了人类的航空时代。

所以实现创新将要采取的手段方法，常常也是超出了已有的经验与知识，需要创新者独自去探索。“摸着石头过河”几乎是原始性创新的必由之路。试图一厢情愿地事先做出完美的分析论证再开始行动，只能让创新永远停留在起点。

对于那些需要落实到实践中的原始性创新，还存在第三个未知，就是创新落实的最终具体形态的未知。与技术相关的创新最终大都要以产品/服务的形态体现出来。即使方向判断正确，技术路线也没有问题，那些最终呈现出来的具体细节，同样可能决定创新是否会前功尽弃。

对创新所必须面对的这三个未知的回答，都要靠勇敢的实践，在此理论的推演及过往的经验只能提供有限的帮助。所以那种要求必须事先就把一切都论证清楚，都给出可信服的证明的心态与管理方法，是对创新的扼杀。从这个角度来讲，创新是不可以被管理的。

自西方借助工业革命的成功打开中国农耕社会的大门之后，我们便长期陷入了疲于奔命的追赶之中。追赶固然难以潇洒，但是却有一个巨大的便利，就是几乎一切都有领跑者在为我们做着示范。追赶的过程几乎都是确定的，不必面对创新所必须面对的那三个不确定的未知。上百年的追赶，冲淡了我们血液中五千年流传下来的祖先们的开创性基因，削弱了我们面对不确定性未知的勇气和能力。

追赶形成的与创新相悖的惯性，让历史成为了替罪羊，让教育成为了指责的对象。因为历史无法改变，教育便成为了焦点。如何让教育有效地促进国家创新能力的提高，在我们跨入超越与引领的发展新阶段时，确实具有重大的战略性意义。在指责教育的不足的时候，我们更需要的是给出具体的改进措施。对于教育，我们可以随手挑出无数的问题，扣上各种让我们感觉痛快的帽子，但那些未必是核心与关键，未必是真正的问题所在。面对创新型人才的培养，我们的教育到底缺了什么，如何才能有效地改进从而培养出具有开拓创新能力的人才？

面对创新的挑战，我们的教育，最大的不足在于注重确定性知识的传授，确定性问题的解决，而缺少对学生面对不确定性的未知的认识和探索的勇气与能力的培养。

学校目前传授的，基本都是被充分验证并广泛应用的确定性的、主流的知识。这些知识既可以被逻辑有效地证明，也已经被实践充分地检验。毫无疑问，传授这些人类积累下来的宝贵的知识是教育的核心内容之一。但是知识是人类探索的结果，而不是探索的过程。仅仅传授结果，并不能有效地培养受教育者自己去探索未知的意愿与能力。在教授的内容中，人类对知识探索过程的缺失，使得教育在传承人类文明的过程中，失去了基本的完备性。教育在展示人类探索创新的结果——知识的精妙的同时，却遗漏了人类探索创新过程中是如何面对未知的不确定性的——那些挫折失败的教训与攻坚克难的经验，走投无路的绝望与柳暗花明的激动，百折不挠的顽强与孤独寂寞的坚守。这些比知识更加宝贵的、比知识更加动人心魄的人类探索未知、积累构建知识体系的实践过程，缺少有效的途径代代相传，被确定性的知识掩盖在历史的尘烟之中。

教育的这种缺失，使得被传授的知识成为了死的标本，而不是一个鲜活的、有自己诞生成长的历史更有待开拓的未来的不断发展的体系。死的标本固然依然是有效的工具，但同时也可能成为一种不自觉的禁锢，无法激发出新的发展。

在现代军事领域，美军在战争的军事技术层面是最具创新能力的。其中起到十分关键作用的就是美军极为重视对自己与别人的战例的深入研究。美国有一些高水平的机构常年持续做这方面的研究，为美军的军事变革与创新提供智力支撑。换言之，正是因为非常注重对战争历史过程的研究，才导致美军成为世界上最具军事技术层面创新能力的军事力量。

在知识的传授过程中，不论是平时的练习还是检验学习效果的考试，学生解决的，都是确定性问题——在所学的知识范围内，一定有明确答案的问题。所以，不论问题有多难，也不论学生是否有能力靠自己的力量找到问题的答案，在学生的内心深处，在他的潜意识里，都有一个毫无质疑的确定性前提假设——这个问题在所学的知识范围内一定有一个正确的答案。不仅问题的答案是确定的，解决问题所需要的知识边界也是确定的。

当学生长期经受这样的训练后，他所习惯的自然是去寻找一定存在的那些确定的答案，而不是去探索不确定性的未知。在心理上甚至会本能地回避、排斥面对不确定性未知的局面。同时在能力上，这样训练出来的思维方式，也难以适应去探索不确性的未知：问题本身就是模糊的，无从知晓在什么范围内会有问题的答案，甚至也无法事先确定问题是否会有一个答案。而这正是创新，特别是原始创新给我们带来的核心挑战。

教育的缺失，使得创新更多地成为了依赖个人天赋与特别机遇的偶然，而不是系统培养训练的大概率结果。所以，如果期望教育能够更加有效地促进创新，更加有效地培养出能够从容面对创新带来的挑战的、具有开疆拓土能力的人才，那么教育在有效地传授确定性的、已有定论的知识内容，让受教育者通过解决确定性的问题来消化理解这些知识，并以此来衡量其对知识的把握程度的同时，教育更要结合知识的传授，将人类在构建积累不同领域内知识体系的探索创新的典型实践过程，包括正反两方面的经验和对实践过程的理性认识与提高，以及学科最新的、尚无定论的探索，有效地传授给受教育者。再现学科知识那鲜活的生命力，让受教育者能够更加自觉而有效地继承与发扬前辈开拓创新的精神与实践；同时在传授知识、掌握知识的过程中，引入适当比例的、解决开放性问题的训练，培养锻炼受教育者探索未知、解决没有预设答案的开放性问题的能力。

虽然对现有的教育体系如何有效支撑创新我们还可以在众多的方面提出各种质疑与建议，但是上述两项内容应该是最具核心与关键意义的措施。当然，这两个措施的落实对于教育系统极具挑战性，它们本身就具有创新意义。在这方面虽然在国际上有一些可借鉴的经验与做法，但是不存在完整的系统性方案。以创建国际一流大学为己任的高等院校，应该责无旁贷地承担起这个历史性的责任。如果教育机构自己都无法实现在教育领域内的重大创新，那么有效地为社会培养创新型人才就成了天方夜谭。

这种教育领域内重大创新的实现，将会显著增强教育在文明传承方面的完备性，让更多的受教育者的生命迸发出创造的光彩，有效地促进全社会创新能力的提高，为中华民族复兴进程中驱动模式的切换创造条件，也必将对人类文明的发展做出重要的贡献。

数学史

李善兰翻译的微分、积分与《九章筭术》

郭书春

郭书春，中国科学院自然科学史研究所研究员。

清末李善兰与英国伟烈亚力合译《代微积拾级》(Elements of Analytical Geometry and of Differential and Integral Calculus) 十八卷，美国 E. 卢米斯 (Loomis) 原著，1859 年由上海墨海书馆出版。李善兰等将 Differential 译为微分，将 Integral 译为积分，沿用至今。它们并不是无源之水，而是源于《九章筭术》及其刘徽注。

一、刘徽《九章筭术注》使用的微分

《九章筭术》没有使用“微分”，甚至没有使用“微”字。刘徽则不仅大量使用“微”字，而且明确使用了术语“微分”。

(一) 微分

刘徽在《九章筭术》方田章圆田术注中用估值方法求出圆面积近似值 $314\frac{4}{25}$ 寸 ^{2} 之后说：

> 以半径一尺除圆幂三百一十四寸二十五分寸之四，倍所得，六尺二寸八分二十五分分之八，即周数也[1]。全径二尺与周数通相约，径得一千二百五十，周得三千九百二十七，即其相与之

[1]这是刘徽在求得圆面积的近似值 $314\frac{4}{25}$寸 ^{2} 之后，根据圆的直径 2 尺，利用他在割圆术中用极限思想和无穷小分割方法已经证明的《九章筭术》的圆田术“半周半径相乘得积步”，即圆面积公式 $S=\frac{1}{2}Lr$，其中 S 是圆面积，L 是圆周长，r 是圆半径，反求出圆周长 6 尺 2 寸 $8\frac{8}{25}$ 分。

> 率[2)]。若此者，盖尽其纤微矣。举而用之，上法为约耳。当求一千五百三十六觚之一面，得三千七十二觚之幂，而裁其微分，数亦宜然，重其验耳[3)]。

这里微分指圆内接正 3072 边形的面积的奇零部分，是非常微小的分数。

（二）微与微数

为了理解刘徽此处所用的“微分”的含义，我们先考察一下刘徽多次使用的“微”字的意义。刘徽多次使用“微多”、“微少”，这里的“微”当然是“微小”。刘徽使用的“微”字，最著名的当属对《九章筭术》商功章阳马术注中所提出的刘徽原理[4)] 的证明中所使用的“微”。刘徽首先对阳马与鳖腝拼合成的堑堵进行分割，证明了其中的 $\frac{3}{4}$ 中阳马与鳖腝的体积之比为 $2:1$；再进行分割，证明了剩余的 $\frac{1}{4}$ 的 $\frac{3}{4}$ 中阳马与鳖腝的体积之比为 $2:1$；刘徽接着说：

[2)]关于刘徽求圆周率的程序，自 20 世纪 10 年代至 70 年代末，所有的著述统统搞错了。刘徽是将求出的圆周长 6 尺 2 寸 $8\frac{8}{25}$ 分与其直径 2 尺相约，求得圆周率 $\frac{3927}{1250}$。而 70 年代末以前的著述在求得圆面积的近似值 $314\frac{4}{25}$ 寸 ^{2} 之后，皆利用中学数学教科书的圆面积公式 $S=\pi r^2$，求出圆周率 π。究其原因，则是自清中叶《九章筭术》复出之后，学术界根本没有认识到刘徽的割圆术的主旨首先是证明《九章筭术》的圆面积公式 $S=\frac{1}{2}Lr$。参见郭书春：《刘徽的极限理论》，第一届全国科学技术史学术讨论会（1980 年，北京）的报告，发表于《科学史集刊》第 11 集，北京：地质出版社，1984 年。又，郭书春：《古代世界数学泰斗刘徽》，济南：山东科学技术出版社，1992 年；台北：明文书局，1995 年。

[3)]见：汇校《九章筭术》增补版，郭书春汇校。沈阳：辽宁教育出版社，台北：九章出版社，2004 年。本文凡引《九章筭术》及其刘徽注的文字，如不另加说明，均据此，恕不再注。

[4)]中国古代将一个长方体沿相对两棱剖开，得到 2 个堑堵。从堑堵的一个顶点到相对的一棱剖开，便得到一个阳马（其高在底面一顶点上的四棱锥）与一个鳖腝（上有长无广，下有广无长，即四面皆为勾股形的四面体）。刘徽认为：在一个堑堵中，“阳马居二，鳖腝居一，不易之率也”，即在堑堵中恒有：

$$V_{\text{阳马}}:V_{\text{鳖腝}}=2:1。$$

其中 $V_{\text{阳马}}$ 是阳马的体积，$V_{\text{鳖腝}}$ 是鳖腝的体积。吴文俊将其命名为刘徽原理，是为刘徽多面体体积理论的基础。刘徽用无穷小分割和极限思想证明了它。希尔伯特在 1900 年国际数学家提出的著名的《数学问题》（俗称《二十三个问题》），其中第三问题与此暗合。

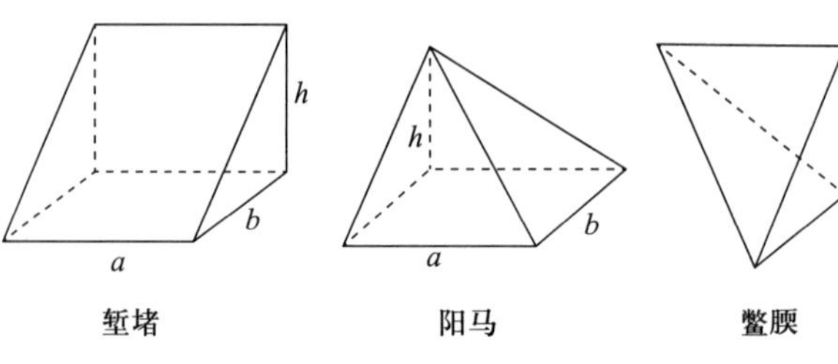

堑堵　　阳马　　鳖腝

半之弥少，其余弥细。至细曰微[5]，微则无形。由是言之，安取余哉？数而求穷之者，谓以情推，不用筹筭。

刘徽在这里是说：平分的部分越小，剩余的部分就越细。第 n 次分割没有证明其中阳马与鳖腝的体积之比为 $2:1$ 的部分为 $\frac{1}{4^n}$。非常细就叫作微，微就不再有形体。因此，没有剩余。在其中阳马与鳖腝的体积之比为 $2:1$ 而没有证明的部分，也就是 $\lim\limits_{n\to 0}\frac{1}{4^n}=0$。刘徽的思想应该受到《庄子》、《淮南子》的影响。《庄子·秋水》中河伯曰“至精无形”，北海若曰“夫精粗者，期于有形者也；无形者，数之所不能分也；不可围者，数之所不能穷也。”[6]《淮南子·要略》也说：“至微之论无形也。”[7] 另外，刘徽这里“微则无形”的思想与卷一圆田术刘徽注割圆术的思想是一致的。在那里，刘徽说：

割之弥细，所失弥少。割之又割，以至于不可割，则与圆周合体而无所失矣。

都是典型的无穷小分割。

刘徽在《九章筭术》少广章开方术注中还提出了“微数”的概念。设被开方数是 A，当开方不尽时，《九章筭术》主张“以面命之”，即以 $\sqrt{A}$ 命名一个分数。这对注重应用的人来说，没有解决任何问题。刘徽之前，人们使用加借筭或不加借筭而命分的方法（见下），他认为都不准确。因此，刘徽提出：

不以面命之，加定法如前，求其微数。微数无名者以为分子，其一退以十为母，其再退以百为母。退之弥下，其分弥细，则朱幂虽有所弃之数，不足言之也。

刘徽提出按照上述的开方程序继续开方，求既定的名数以下的部分。当开到无名数单位时，一退则求得的数以 10 作为分母，再退则求得的数以 100 作为分母，实际上是以十进分数逼近无理根。这样，开方时退得越多，分数就越细。在圆田术刘徽注求圆周率的过程中必须多次开方，比如求圆内接正 12 边形的边心距，需要计算 $\sqrt{75}$，开方不尽，刘徽说：

又一退法，求其微数。微数无名知[8]以为分子，以十为分母，约作五分忽之二。故得股八寸六分六厘二秒五忽五分忽之二。

---

[5]《九章筭术》及其刘徽注中的“微”、“微分”、“微数”、“积”、“积分”、“积步”、“积尺”、“积里”等字词下的横线为笔者所加。

[6]见郭庆藩：《庄子集释》，北京：中华书局，1961 年。

[7][西汉] 刘安：《淮南子》。《诸子集成》，北京：中华书局。

[8]知，训“者”，下文“‘半之’知”、“母互乘子知”等处之“知”字同。

求出 $\sqrt{75}$ 寸 $= 866025\frac{2}{5}$ 忽。

《九章筭术》少广章开立方术刘徽注云：

> 术亦有以定法命分者，不如故幂开方，以微数为分也。

其意义与开方术刘徽注的“微数”相同。

显然，这里的“微数”就是微小的数。有的著述说，刘徽求微数是一个极限过程，似不妥当。刘徽讲得很清楚，最后要有“所弃之数”，可见并没有将极限过程进行到底，而是极限思想在近似计算中的应用。

二、《九章筭术》及其刘徽注关于“积分”的论述

《九章筭术》及其刘徽注用到“积分”的地方比“微分”多。我们分长度、面积、体积及分数运算等几个方面来分析。

（一）关于长度问题中用到的“积分”

秦简《数》与《筭数书》、《九章筭术》都有少广术。《筭数书》与《九章筭术》的少广术都使用了术语“积分”，而《数》中则没有。《筭数书》的少广术是：

> 救少广之术曰：先直广，即曰：下有若干步，以一为若干，以半为若干，以三分为若干，积分以尽所救分同之以为法，即耤直田二百四十步亦以一为若干，以为积步，除积步如法得从一步。不盈步者，以法命其分[9]。

《九章筭术》少广术是：

> 少广术曰：置全步及分母子，以最下分母遍乘诸分子及全步，各以其母除其子，置之于左；命通分者，又以分母遍乘诸分子及已通者，皆通而同之，并之为法。置所求步数，以全步积分乘之为实。实如法而一[10]，得从步。

---

[9]郭书春：《筭数书》校勘，《中国科技史料》第 22 卷第 3 期（2001 年）。

[10]实如法而一：中国传统数学术语，即今之实除以法。法，除数。“法”的本义是标准。《管子·七法》：“尺寸也，绳墨也，规矩也，衡石也，斗斛也，角量也，谓之法。”除法实际上是用同一个标准分割某些东西，这个标准数量就是除数，故称为“法”。实，被除数。中国传统数学密切联系实际，被分割的东西，即被除数，都是实际存在的，故称为“实”。实中如果有与法相等的部分就得一，那么实中有几个与法相等的部分就得几，故除法的过程称为“实如法而一”。

“积分”就是分之积，“全步积分”是将 1 步化成分数后的积数。《九章筭术》、秦简《数》、汉简《筭数书》少广术的例题的格式是：

$$\text{今有田广 } 1+\frac{1}{2}+\frac{1}{3}+\cdots+\frac{1}{n}\text{，求田一亩，问：从几何？}$$

其中《九章筭术》中 $n=1,2,\cdots,12$，秦简《数》中 $n=1,2,\cdots,10$，汉简《筭数书》中 $n=1,2,\cdots,7$。从即纵，今天常称之为长。此是以 1 亩作为“实”，即被除数，而以 $\left(1+\frac{1}{2}+\frac{1}{3}+\cdots+\frac{1}{n}\right)$ 作为“法”，即除数。那么纵就是：

$$\text{纵 }=1\text{ 亩 }\div\left(1+\frac{1}{2}+\frac{1}{3}+\cdots+\frac{1}{n}\right).$$

为了作除法，需要将 $\left(1+\frac{1}{2}+\frac{1}{3}+\cdots+\frac{1}{n}\right)$ 通分。《九章筭术》的方法是：将 $1,\frac{1}{2},\frac{1}{3},\cdots,\frac{1}{n-1},\frac{1}{n}$ 自上而下排列，如左第 1 列，以最下分母 n 乘第 1 列各数，成为第 2 列，再以最下分母 $n-1$ 乘第 2 列各数，成为第 3 列，如此继续下去，直到某列所有的数都成为整数为止[11]，即

$$\begin{array}{cccccc}
1 & n & n(n-1) & \cdots & n(n-1)\times\cdots\times4\times3 & n(n-1)\times\cdots\times4\times3\times2\\
\frac{1}{2} & \frac{n}{2} & \frac{n(n-1)}{2} & \cdots & \frac{n(n-1)\times4\times3}{2} & n(n-1)\times\cdots\times4\times3\\
\frac{1}{3} & \frac{n}{3} & \frac{n(n-1)}{3} & \cdots & n(n-1)\times\cdots\times5\times4 & n(n-1)\times\cdots\times4\times2\\
\vdots & \vdots & \vdots & & \vdots & \vdots\\
\frac{1}{n-1} & \frac{n}{n-1} & n & \cdots & n(n-2)(n-3)\times\cdots\times4\times3 & n(n-2)(n-3)\times\cdots\times3\times2\\
\frac{1}{n} & 1 & n-1 & \cdots & (n-1)(n-2)\times\cdots\times4\times3 & (n-1)(n-2)\times\cdots\times3\times2
\end{array}$$

将右行即全部成为整数的这行所有的数相加，即

$$\begin{aligned}&(n-1)(n-2)\times\cdots\times3\times2+n(n-2)(n-3)\times\cdots\times3\times2+\cdots\\&+n(n-1)\times\cdots\times4\times2+n(n-1)\times\cdots\times4\times3+n(n-1)\times\cdots\times4\times3\times2\end{aligned}$$

作为法。同时，右行最上的数 $n(n-1)\times\cdots\times4\times3\times2$，就是第 1 列每个数所扩大的倍数，也就是 1 步的积分。以 1 步之积分乘 1 亩即 240 步，作为

[11] 因术文中有“各以其母除其子”的程序，有时实际上不必用所有的分母乘，就可以将某行全部化成整数。

实。实除以法，即得

$$
\begin{aligned}
\text{纵} &= 1\text{ 亩 } \div \left(1+\frac{1}{2}+\frac{1}{3}+\cdots+\frac{1}{n}\right)\\
&= \{240\text{ 步 } \times [n(n-1)\times\cdots\times 4\times 3\times 2]\}\\
&\quad \div\{[(n-1)(n-2)\times\cdots\times 3\times 2]\\
&\quad +[n(n-2)(n-3)\times\cdots\times 3\times 2]+\cdots\\
&\quad +[n(n-1)\times\cdots\times 4\times 2]+[n(n-1)\times\cdots\times 4\times 3]\\
&\quad +[n(n-1)\times\cdots\times 4\times 3\times 2]\}.
\end{aligned}
$$

这里没有使用常用的通分法，而是求出 1 步之积分。

《九章筭术》的积分就是将分数单位由分别是 $\frac{1}{2}$，$\frac{1}{3}, \cdots, \frac{1}{n}$ 化成公共的分数单位 $\frac{1}{n(n-1)\times\cdots\times 4\times 3\times 2}$ 的分母，$n=1,2,\cdots$。1 步就是由 $[n(n-1)\times\cdots\times 4\times 3\times 2]$ 个 $\frac{1}{n(n-1)\times\cdots\times 4\times 3\times 2}$ 步积累而成。

《九章筭术》商功章委粟术刘徽注：

> 假令以三除周，得径。若不尽，通分内子，即为径之积分。令自乘，以高乘之，为三方锥之积分。

这段文字中有两个“积分”，前者的意义与《九章筭术》少广术的“积分”类似，都是长度的分之积。后者是关于体积的，下面再谈。

（二）关于开方问题中用到的积分与面积问题中的积步、积里

1\. 积分

在《九章筭术》开方问题中没有使用“积分”的概念，而刘徽关于开平方问题的注中用到“积分”的地方有两处。《九章筭术》少广章开方术的刘徽注云：

> 术或有以借筭加定法而命分者，虽粗相近，不可用也。凡开积为方，方之自乘当还复其积分。令不加借筭而命分，则常微少；其加借筭而命分，则又微多。

原来，为了求根，在刘徽之前，或者以 $a+\frac{A-a^2}{2a+1}$ 作为近似值，或者以 $a+\frac{A-a^2}{2a}$ 作为近似值，刘徽认为都不准确。为什么呢？因为对一个数开方，那么它的根自乘应该恢复原数。如果以一个分数表示根，那么根的自乘应该恢复原数的积分。这里的积分显然是面积的分数的积累。可

是 $\left(a+\dfrac{A-a^2}{2a+1}\right)^2 \neq A$，$\left(a+\dfrac{A-a^2}{2a}\right)^2 \neq A$，而是 $a+\dfrac{A-a^2}{2a+1}$ “微少”，$a+\dfrac{A-a^2}{2a}$ “微多”，即 $a+\dfrac{A-a^2}{2a+1}<\sqrt{A}<a+\dfrac{A-a^2}{2a}$。

《九章筭术》勾股章今有邑方不知大小问的刘徽注云：

> 令二出门相乘，故为半方邑自乘，居一隅之积分。因而四之，即得四隅之积分。故为实，开方除，即邑方也。

这里的积分的含义与上相同，也是面积的分数的积累。

2. 积步、积里

为了进一步理解《九章筭术》及其刘徽注中“积分”的含义，我们分析一下其中与“积分”同类的积步、积里等概念。同样，在下面提到的某些术文和例题，秦简《数》、汉简《筭数书》中也有，但是没有用到积步、积里等术语。

《九章筭术》在方田章有四次使用“积步”，依次是：

> 方田术曰：广从步数相乘得积步。

圆田术云：

> 半周半径相乘得积步。

环田术云：

> 并中、外周而半之，以径乘之，为积步。

对环田还提出：

> 密率术曰：置中、外周步数，分母、子各居其下。母互乘子，通全步，内分子。以中周减外周，余半之，以益中周。径亦通分内子，以乘周为密实。分母相乘为法。除之为积步，余，积步之分。以亩法除之，即亩数也。

刘徽用到“积步”也有四次。圭田术刘徽注云：

> 亦可半正从以乘广。按半广乘从，以取中平之数，故广从相乘为积步。

刘徽注又云：

> 按：半周为从，半径为广，故广从相乘为积步也。

环田密率术刘徽注：

> 按：此术，并中、外周步数于上，分母、子于下。母互乘子者，为中、外周俱有分，故以互乘齐其子。母相乘同其母。子齐母同，故通全步，内分子。“半之”知，以盈补虚，得中平之周。周则为从，径则为广，故广、从相乘而得其积。既合分母，还须分母出之。故令周、径分母相乘而连除之，即得积步。

少广术刘徽注：

> 一亩积步 为实。

这里的积步都是平方步之积，也就是平方步的积累。因此，积步是《九章筭术》提出的表示面积的概念，也可以作为面积的单位，即步之积。将 1 步长的线段在平面上积累起来，长 a 步，就是 a 积步，常简称为 a 步，步即今之平方步。因此古代之步，视不同情况，有时指今之步，有时指步 ^{2}。

《九章筭术》还使用了“积里”的概念。其方田章云：

> 里田术曰：广从里数相乘得积里。

刘徽注云：

> 按：此术广从里数相乘得积里。

积里是平方里的积累。与积步类似，都是面积问题中的。

（三）关于体积问题中用到的积分与积尺

1. 积分

在体积问题中《九章筭术》没有使用“积分”这一术语，而在商功章关于体积问题的刘徽注中有两处使用了术语“积分”。一处在上面已经提到的委粟术注中。在那里，如果圆锥下周不能被 3 整除，就以 3 通分将圆锥下周的直径化成以 $\frac{1}{3}$ 为分数单位的分之积，所谓径之积分。将直径自乘，乘以高，就得到三个方锥的积分，也就是以 $\frac{1}{3}$ 为分数单位的方锥体积的分之积。

一处在圆亭术的刘徽注中。刘徽记述了前人对圆亭术的一种推导方法：就是使用 $\pi = 3$，用 3 除圆亭的上下周，得圆亭的上下径。如果能除尽，就以其径作为圆亭的外切方亭的上下方，由《九章筭术》的方亭体积公式求出其体积。然后利用圆亭与方亭体积之比为 $4:3$，由方亭求出圆亭体积。对于圆亭的上下周不能用 3 除尽的情形，刘徽云：

> 假令三约上下周，俱不尽，还通之，即各为上下径。令上下径相乘，又各自乘，并，以高乘之，为三方亭之积分。

就是说，设 L_1, L_2 分别是圆亭的上下周，在 $\frac{L_1}{3}, \frac{L_2}{3}$ 不可除尽的情况下，以 3 通分，L_1，L_2 分别是上下径的以 $\frac{1}{3}$ 为分数单位的积分。计算 $(L_1L_2+L_1^2+L_2^2)h$，它是三个以圆亭上径 L_1，下径 L_2 分别为上、下底边长的大方亭的以 $\frac{1}{3}$ 为分数单位的积分，也就是以 $\frac{1}{3}$ 为分数单位的方亭体积的分之积。

2. 积尺

《九章筭术》少广章的开立圆术用到了“积尺”：

> 开立圆术曰：置积尺数，以十六乘之，九而一，所得，开立方除之，即立圆径。

“积尺”在商功章及其刘徽注中用的特别多。《九章筭术》城、垣、堤、沟、堑、渠术云：

> 术曰：并上下广而半之，以高若深乘之，又以袤乘之，即积尺。

刘徽注云：

> “又以袤乘之”者，得立实之积，故为积尺。

《九章筭术》今有堤所属冬程人功术：

> 术曰：以积尺为实，程功尺数为法。实如法而一，即用徒人数。

《九章筭术》今有沟所属春程人功术：

> 术曰：置本人功，去其五分之一，余为法。以沟积尺为实。实如法而一，得用徒人数。

刘徽注云：

> 以分母乘沟积尺为实者，法里有分，实里通之，故实如法而一，即用徒人数。此以一人之积尺除其众尺，故用徒人数不尽者，等数约之而命分也。

《九章筭术》今有堑所属夏程人功术：

以堑积尺为实。实如法而一，即用徒人数。

刘徽注云：

取其定功，乃通分内子以为法。以分母乘积尺为实者，为法里有分，实里通之，故实如法而一，即用徒人数。

《九章筭术》方垛壔术云：

术曰：方自乘，以高乘之，即积尺。

《九章筭术》方亭术刘徽注云：

凡三品棋皆一而为三。故三而一，得积尺。

《九章筭术》盘池所属负土问云：

问：人到积尺及用徒各几何？

《九章筭术》负土术云：

术曰：以一笼积尺乘程行步数，为实。往来上下棚、除二当平道五。置定往来步数，十加一，及载输之间三十步以为法。除之，所得即一人所到尺。以所到约积尺，即用徒人数。

刘徽注云：

“以所到约积尺，即用徒人数”者，此一人之积除其众积尺，故得用徒人数。

《九章筭术》冥谷所属载土问：

问：人到积尺及用徒各几何？

其载土术：

术曰：以一车积尺乘程行步数，为实。置今往来步数，加载输之间一里，以车六人乘之，为法。除之，所得即一人所到尺。以所到约积尺，即用徒人数。

刘徽注云：

> 又亦可五百步为行率，令六人约车积尺数为一人到土率，以负土术入之。

刘徽注又云：

> “以所到约积尺，即用徒人数”者，以一人所到积尺除其众积，故得用徒人数也。

《九章筭术》穿地问术：

> 术曰：置垣积尺，四之为实。

《九章筭术》今有仓问术：

> 术曰：置粟一万斛积尺为实。

《九章筭术》圆囷问术：

> 术曰：置米积尺，以十二乘之，令高而一，所得，开方除之，即周。

刘徽注云：

> 于徽术，当置米积尺，以三百一十四乘之，为实。二十五乘囷高，为法。所得，开方除之，即周也。

显然，这里的“积尺”全都是立方尺之积，即立方尺之积累。

（四）关于分数除法中用到的积分

《九章筭术》方田章经分术是分数除法法则，它不是采用颠倒相乘法[12)]，而是先将除数与被除数通分，使二者的分子相除。设两个相除的分数分别是$\frac{a}{b}$，$\frac{c}{d}$，则

$$\frac{a}{b}\div\frac{c}{d}=\frac{ad}{bd}\div\frac{bc}{bd}=ad\div bc=\frac{ad}{bc}.$$

刘徽注在论证其正确性时说：

> 母互乘子知，齐其子；母相乘者，同其母；以母通之者，分母乘全内子。乘，散全则为积分，积分则与分子相通之，故可令相从。

[12)] 汉简《筭术书》的分数除法（称为径分术）已经采用颠倒相除法，但是《九章筭术》没有。

“全”就是带分数的整数部分。这是说，通过齐同术，即“齐其子”，“同其母”，将除数和被除数化成同分母的数，使分子相除即可。如果其中有带分数，则用分母乘整数部分，纳入分子。用分母乘整数部分，就是将整数部分散成以公分母分之一为分数单位的积累，称为“积分”。

三、李善兰所翻译与《九章筭术》及其刘徽注所使用之微分、积分的异同

李善兰云：

> 凡线、面、体皆设为由小渐大，一刹那中所增之积即微分也。其全积即积分也。故积分逐层分之为无数微分，合无数微分仍为积分[13]。

伟烈亚力云：

> 微分不过求变几何最小变率之较耳。

又云：

> 积分者，合无数微分之积也[14]。

众所周知，积分的基本思想是将所求量分割成若干细小的部分，找出某种关系后，再把这些细小的部分用便于计算的形式积累起来，最后求出未知量的和。其中的关键是积累，严格的积分只是再加上积累过程中求极限的过程[15]。而微分就是自变量的无穷小增量。

由上面的分析，刘徽的《九章筭术注》中，“微分”、“微数”都是微小的数，实际上是微小的奇零部分，亦即微小的分数，它与微积分学中的“微分”，即自变量的无穷小改变量有所不同，然而究其本质，有相近之处。而且刘徽的“微则无形”，就是无穷小，与微积分学中的“微分”更为接近。可见刘徽所使用的“微分”与微积分学中的“微分”（Differential）在本质上是一致的，只有低级与高级的差异。实际上，Differential 在西方文字中就是“差”的意思。

《九章筭术》及其刘徽注中的“积分”、“积尺”、“积步”等分别是具有更小的分数单位的分数的积累、尺或立方尺的积累、平方步的积累，它们与微

---

[13] [清] 李善兰：代微积拾级序。《代微积拾级》，上海：上海墨海书馆，1859 年。

[14] [清] 伟烈亚力：代微积拾级序。《代微积拾级》，上海：上海墨海书馆，1859 年。

[15] 梁宗巨、王青建、孙宏安：世界数学通史，下册。沈阳：辽宁教育出版社，2001 年。

积分学中的“积分”也有所不同，但本质上也是一致的，也是只有低级与高级的差异。实际上，Integral 在西方文字中就是“整个”的意思。

李善兰对中国传统数学的造诣极深，他在通晓了微积分学的微分、积分概念之后，用《九章筭术》及其刘徽注中的术语“微分”翻译 Differential，用“积分”翻译 Integral，可谓恰到好处。

四、刘徽的割圆术与面积元素法

实际上，刘徽的《九章筭术注》中最接近微积分思想的是他对《九章筭术》圆面积公式“半周半径相乘得积步”即

$$S=\frac{1}{2}Lr \tag{1}$$

的证明，其中 S，L，r 分别是圆的面积、周长和直径。刘徽从圆内接正六边形开始割圆。他说：

> 割之弥细，所失弥少。割之又割，以至于不可割，则与圆周合体而无所失矣。觚面之外，犹有余径，以面乘余径，则幂出弧表。若夫觚之细者，与圆合体，则表无余径。表无余径，则幂不外出矣。以一面乘半径，觚而裁之，每辄自倍。故以半周乘半径而为圆幂。

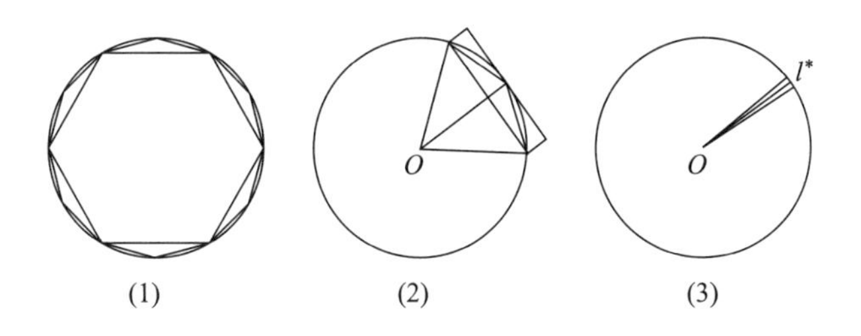

图　刘徽对圆面积公式的证明

设第 n 次分割得到正 6×2^n 边形的面积为 S_n，显然 $S_n<S$，但 $S-S_n$ 越来越小。而到不可割的时候，圆内接正多边形的面积与圆面积没有差别，即当 $n\to\infty$ 时，则 $\lim\limits_{n\to\infty}S_n=S$。余径是圆半径与圆内接正多边形的边心距之差。将余径乘正多边形的每边之积加到正多边形的面积上，则大于圆面积，即 $S_n+6\times 2^n l_n r_n=S_n+2(S_{n+1}-S_n)>S$，其中 l_n，r_n 分别是圆内接正 n 边形的边长、余径。如图（2）。达到觚间的距离非常细微，圆内接正多边形与圆周合体的时候，则不再有余径。即 $\lim\limits_{n\to\infty}r_n=0$。那么余径乘正多边形的每边之积与正多边形的面积之和不再大于圆面积，即

$$\lim_{n\to\infty}[S_n+2(S_{n+1}-S_n)]=S.$$

将与圆周合体的正多边形从每个角将其裁开，也就是将它分割成以圆心为顶点，以每边为底的无穷多个小等腰三角形，如图（3）。由于每个小等腰三角形的高就是圆半径，显然以正多边形的一边乘圆半径，总是每个小等腰三角形面积的 2 倍。设每个小等腰三角形的底边长为 l_i，其面积为 A_i，则 $l_i r = 2A_i$，即 $A_i = \frac{1}{2}l_i r$。所有这些小等腰三角形的底边之和为圆周长 $\sum_{i=1}^{\infty} l_i = L$，它们的面积之和为圆面积 $\sum_{i=1}^{\infty} A_i = \sum_{i=1}^{\infty} \frac{1}{2}l_i r = \frac{1}{2}Lr = S$，完成了（1）式的证明。

可见，刘徽证明圆面积公式的无穷小分割，符合积分的基本思想，接近西方微积分发展早期的面积元素法。每个小等腰三角形相当于微分。可惜，李善兰对刘徽的证明未能重视。

编者按：本文是作者 2011 年 11 月在纪念李善兰诞辰 200 周年学术研讨会（浙江海宁）上报告的论文。

流形与纤维空间的历史：乌龟与兔子

约翰 · 麦卡利

译者：罗之麟

兔子是理想主义者：它所喜爱的工作是最优雅的且具最广泛的一般性。它希望能创造新的天堂和新的地球，其中没有任何折中的办法。然而，乌龟则采取一种更保守的观点。它说自己的小目标只是给已知的定理一个更清楚的陈述……

——J. F. 亚当斯（1930—1989，英国数学家）

1. 引言

在 20 世纪 30 年代早期，拓扑学发展了一些很重要的概念。1935 年，在莫斯科举行了关于这门新兴学科的首次国际会议。H. 塞弗特（1907—1996）引入了纤维空间的概念。到了 1950 年，纤维空间和纤维丛的概念已经成为代数拓扑学的重点研究对象。同年在布鲁塞尔，以及 1953 年在康奈尔大学，关于拓扑学的国际会议关注研究这些空间。在巴黎，在传播拓扑学新思想方面甚有影响的 1949/1950 年度 H. 嘉当（1904— ）研讨会上，专门讨论了纤维空间。1951 年，N. E. 斯廷罗德（1910—1971）出版了关于这门学科的第一本教材——这也是完整讲述同伦群和上同调群的代数拓扑的第一本教材。本文中我们将讨论，纤维空间如何成为代数拓扑中一个基本对象。

W. S. 梅西（1920— ）在他的报告和康奈尔大学会议上的问题集里，提出了关于纤维空间的 5 个定义 [30]：（a）美国学派给出的纤维丛的定义；（b）埃瑞斯曼和费尔德波给出的纤维空间的定义；（c）法国学派给出的纤维空间的定义；（d）胡列维茨和斯廷罗德给出的纤维空间的定义，以及（e）塞尔给出的纤维空间的定义。这些相互竞争的定义中的每一个都是从一堆让拓扑学界感兴趣的例子和问题中发展起来的，并且常常带有国家的特征。我们将考虑这些线索的源头以及它们之间的关系（参见 [68]）。

本文旨在讨论定义，以及一般意义下的 20 世纪数学的发展。在纤维空间发展中的兔子主角是 H. 惠特尼（1907—1989），他所引入的球面空间的概念是研究流形的一个彻底的进步；乌龟主角则是 E. 施蒂费尔（1909—1978），他所研究的流形上的向量场提供了研究几何问题的新的拓扑不变量。从数学研究——问题和例子——中所产生的动力是我们的故事的关键内容。在一群得到数学界全力支持的有能力的数学家们的努力下，这些基本的素材引出了改善和新的方法。（本文篇首所引用的）亚当斯的话，原用于描述稳定同伦理论的发展，但是它也能用于有效区分各类“定义的提出者”（the makers of definitions）。

2. 流形

亨利·庞加莱（1854—1912）在其著名论文《位置分析》（Analysis Situs，1895）以及随之接连五篇的“补充说明”（1899，1900，1902，1904）[38–44] 中，做出了对代数拓扑的根本性贡献。他对拓扑方法最初的兴趣可以追溯到其最早的关于三体问题以及动力系统的定性方法。在《位置分析》中主要的研究对象是流形，同时庞加莱提供了好几种具体的方法来定义它们（参见 [47]）。这些包括：

1）可微映射 $f:(A\subset \mathbf{R}^{n+k})\to \mathbf{R}^k$ 的零点。其中流形由 $M=f^{-1}(0,\cdots,0)$ 给出。

2）流形 M 是一些参数化的集合之并。这推广了在重叠部分解析延拓的方法。

3）流形由几何胞腔除以边界的商（quotient）给出。

4）流形由两个同胚的手柄沿着边界黏合得到，也就是由赫戈图定义出来的方法（参见 [44]）。

对于庞加莱来说，流形的例子已经足够丰富到能让他探索关于其拓扑性质和流形分类的基本问题。最基本的关于分类的例子（基本图 [47]）在曲面的情形是由 A. F. 莫比乌斯（1790—1868）和 C. 若尔当（1838—1921）证明了亏格和定向作为拓扑不变量是完全的几何不变量。庞加莱同时引入同调和基本群不变量，为了推广闭曲面在高维流形情形的分类。

与庞加莱的具体处理流形的方法不同，（持有哥廷根学派信仰的）其他数学家则要求给出公理化定义的方法。D. 希尔伯特（1862—1943）在其所著《几何基础》（Grundlagen der Geometrie）[21] 的附录 IV（1902）中，寻求足以作为几何基础的关于平面的公理化刻画的方法。希尔伯特所定义的平面，由一系列满足特定拓扑性质的邻域开始。局部欧氏邻域的利用成为许多优化的基础，并且最终导致现在流形所用的定义。在其拓扑公理中，希尔伯特假设了大邻域的存在性（对于平面上的任意一对点，存在一个邻域同时包含它们）。这个定义在 H. 外尔（1885—1955）的 1913 年的著作《黎曼面的概念》(Der Idee der Riemannschen Fläche) 中被弃用。在那本书里，外尔将曲面的定义基于一系列邻域，作为曲面的拓扑基，而且满足开映射的条件。在希尔伯特和外尔的定义中所缺少的，是关于基础拓扑空间的豪斯道夫性质——这是豪斯道夫在其本人的公理化处理拓扑空间中所指出来的问题。

肖尔茨在讨论流形的公理化定义的发展时 [47]，提到了外尔从结构主义的观点对曲面概念发展的攻击。我把这点特地提出来，作为现代数学定义的一个关键特征。这不仅是作为公理化动力的对严格性的追求，而且有可能描述出新的概念，从而产生出新的数学。一个案例就是在希尔伯特的《几何基础》中所提出的“非阿基米德”(non-Archimedean) 结构。这个观点对于纤维空间的发展同样成立。

1924 年，H. 克内泽尔（1898—1973）在德国科学家和医师协会(Gesellschaft deutscher Naturforscher und Ärtze) 因斯布鲁克 (Innsbruck) 会议上，发表了关于流形拓扑的演讲 [29]。他呼吁在大家都熟悉的例子 (黎曼面和单元或多元解析函数的像，空间中的正则曲面，和动力系统的相空间) ——它们的特殊性质不一定被所有的流形所共有——和足够精确的公理化定义之间保持平衡。克内泽尔把关于给定流形上三角剖分的存在性问题和在拓扑意义下在一个流形上两个不同三角剖分的共同细化问题分离出来，作为“主要猜想”(Hauptvermutung)。从“主要猜想”得出组合不变量就是拓扑不变量这一事实。克内泽尔利用组合复形 (Zellgebäude) 的概念——归纳地通过普通 n 维胞腔及其边界 S^{n-1}，来给出一个胞腔复形——提出他自己的平衡模式。组合流形满足一个额外的条件：零维胞腔的蜂窝邻域复形是一个 S^{n-1} 的同胚像。这个结构允许有组合的和归纳的证明，内泽尔利用它们证明了两个复形有同构的分解是同胚的。

1929 年，B. I. 范 · 德 · 瓦尔登 (1903—1996) 在布拉格 (Prague) 举行的一个会议上，报告了克内泽尔的组合理念自其“因斯布鲁克演讲”以来的进展。他将组合拓扑描述为“一个不同方法相互竞争的战场，用克内泽尔的话来讲，就是‘纯组合的’方法和‘混合的’方法的呈现”。在这场报告 [59] 中，范 · 德 · 瓦尔登提出了 5 种组合流形的定义——从最纯集合论的到最有用的 (参见 [28])。对于范 · 德 · 瓦尔登来说，对定义的度量恰与乌龟的愿望相吻合——重新得到已知的定理。一个特别的检验标准是庞加莱对偶，对于星号的利用和简化给了一个证明。范 · 坎彭的定义直接基于同调和将星号表示为闭链，同时强调不变量基于点集的构造。这个方向的发展，从对象到分类不变量，在代数拓扑里是十分常见的，而且是纤维空间的一个特点。

3. 塞弗特的纤维空间

纤维空间由 H. 塞弗特在一篇很长的文章中引入 [49]，该文构成了他的第二篇博士论文——名义上是在莱比锡大学的范 · 德 · 瓦尔登指导下，实际上是独立写就。该文所讨论的主要问题也是塞弗特在其（在德累斯顿大学的特雷法尔的指导下所写的）第一篇论文中所考虑的问题之一，关于闭三维流形的构造。受庞加莱猜想的推动，塞弗特详细描述了一类容许纤维化的三维闭流形，即把流形分解成一些闭曲线，过每一点有一条，而且被一族由可辨识空间构成的邻域系统拓扑化。

这篇论文中最重要的新想法是分解曲面的概念（die Zerlegungsfläche[49, p.155]）。对于塞弗特来说，同一流形能使用的不同定义是很重要的。对在一个纤维空间 F 里的每一个纤维（一条闭曲线），存在一个纤维邻域，而且那族纤维邻域系满足由外尔给出的曲面的公理化定义。通过这点，塞弗特从流形 F 的分解曲面获得了该流形的很多性质。特别地，由于曲面是可以三角剖分的（[45]），由此他可以证明 F 的可三角剖分性，通过提升来自 f 的三角剖分（[49，p.163]）。

塞弗特检验了两个重要的例子。第一个（§3）是霍普夫映射，在 [23] 中给出；这里 $F = S^3$。将三维球面分解成线圈是能具体表示出来的，而且分解曲面就是 S^2。塞弗特发现将纤维送到其对应在分解曲面上点的映射 $F \to f$ 与霍普夫在 [23] 中研究的映射是一样的。第二个例子（§12）是庞加莱的十二面体空间。在这个例子里，他通过在论文中所发展的方法，利用覆盖空间和分解空间，计算了纤维空间的基本群。

在论文的末尾，塞弗特给出了防止空间被纤维化的一个条件；他证明了，一般情况下，两个三维流形的拓扑和是不能被纤维化的。

在塞弗特提出纤维空间的大约同时，特雷法尔已经构造了一些三维曲面，通过一张曲面的切空间对应的射影曲线 [57]。特雷法尔在那篇论文的开头说道："拓扑学还不是一个像函数论那样的成熟学科；故以下的研究是要在拓扑学内设定场地。"特雷法尔的这番话，意在强调他的处理使用严格的定义和证明。在此期间，赛福特和特雷法尔写了他们很有影响力的著作 [51]。

特雷法尔在一个页脚注记中提到，这些三维流形的例子可以在塞弗特的核心工作中理解。他同时提到霍普夫也提醒过他，霍特林在 8 年前做了类似的工作 [24]。（我们会在下面讨论霍特林的工作。）

1936 年，塞弗特发表了另一篇对于我们来说很重要的论文 [50]，其中他讨论了，什么时候一个 n 维流形 M 可以由代数流形——即一族多项式的零点集——逼近。他要求有一个嵌入 $M^n \subset \mathbf{R}^{n+k}$，使得在 M 上存在 k 个无关的法向量场。这诱导出邻域流形（neighborhood manifold），即 M 的管状邻域。塞弗特证明，可以通过对 M 在管状邻域里作微小的形变来得到一个代数流形。

在塞弗特和特雷法尔的关于纤维空间的工作中，所给出的例子和为了分析纤维空间的拓扑性质而发展的分析工具，给三维流形和庞加莱猜想的研究提供了坚实的基础。

4. 纤维空间在美国

庞加莱由动力系统的理论开始了拓扑学的研究，特别是三体问题。通过 G. D. 伯克霍夫（1884—1944）的工作，庞加莱关于拓扑的一些想法在美国发展了。伯克霍夫从他的职业生涯开始就对动力系统感兴趣，而且通过证明一个关键性的定理（庞加莱几何定理）获得了声望。在一篇主要的论文（被美国数学会授予首届博谢奖）里，伯克霍夫发展了庞加莱的有两个自变量的动力系统的运动方程的定性分析。这样一个系统的运动得到的流形是一个三维流形，其中一条闭的流水线表示系统的一个周期轨道。伯克霍夫给了这个三维流形一个对应的“截曲面”（a surface of section），并且由一族闭的流水线形成边界。塞弗特 [49, p.155] 提到，这些曲面跟他的“分解曲面”（Zerlungsfläche）没有任何关系。

伯克霍夫对动力系统的关注以及他将动力性质翻译为几何性质，锻造了流形的拓扑和一些如一个流形的所有单位向量性质的联系。H. 霍特林（1895—1973）在普林斯顿写了他的博士论文 [24]，在 O. 维布伦（1880—1960）的指导下，同时也在 J. W. 亚历山大（1888—1971）的帮助下，他研究了对于曲面的这些空间。他发现这些构造给出了三维流形的一些新例子，它们不能通过乘积得到——这种乘积能通过赫戈图分析来进行，这是在那时候由亚历山大发展的工具。霍特林的三维流形的例子，局部是乘积的形式，但整体不是；霍普夫和特雷法尔知道这些例子。霍特林并没有在拓扑方面做更多的工作，但在数学经济和统计方面有重大贡献。

另一个公理化的发展线索是芝加哥大学的 E. H. 摩尔（1862—1932）和他的博士学生们所做的研究，其内容类似于希尔伯特在《几何基础》中的工作。这个团队后来以“公理化主义者”（Postulationalists）著称，其中包括维布伦，他在普林斯顿延续了他对几何和拓扑的兴趣。在 1932 年，他和他的学生 J. H. C. 怀特海德（1904—1960）出版了一部关于微分几何基础的著作 [60]。在这部名著中，三条线索——位置分析，埃尔朗根纲领和公理化——一起给出了 n 维流形的定义，构成了几何的基本对象。希尔伯特和外尔的局部坐标系被发展来包括群结构的信息。一个全面的关于流形在一点处的切空间的讨论组成了第五章，一些类似里奇微积分和广义相对论的主题出现在其中。

在我们的故事中，兔子主角通过关注有关一个嵌入对应的切丛和法丛，打开了潜在的纤维空间的例子。1929 年 H. 惠特尼在 G. D. 伯克霍夫的指导下，在哈佛得到了博士学位，他的论文是关于地图着色。在 1931 年被授予国家自然基金奖后他去了普林斯顿，其间有一段可观的拓扑活动。亚历山大、维布伦和莱夫谢茨当时在普林斯顿，亚历山德罗夫和霍普夫在 1931 年也访问了普林斯顿。在这之后惠特尼将他可观的精力投入到了拓扑中，他尤其对流形十分感兴趣。

到了 1935 年，惠特尼在研究流形的过程中已经引入了两个重要的理念。第一个是他著名的嵌入定理。用他的话来说：

> “一个微分流形一般有两种定义方法；或是作为一个集合，其中邻域都同胚欧氏空间 $E_n \cdots\cdots$；或作为 E_n 的子集，定义在每个点的附近，其中一些坐标用其他可微函数来表示。
>
> 首条基本定理是说，第一个定义并不比第二个定义更一般；任何微分流形都可以嵌入到欧氏空间里。”

其证明是将流形的研究从抽象的组合化的不变量操作转为研究具体的对象——欧氏空间的子集，具有所有的附加结构。一个重要的推论是每个光滑流形上都有黎曼度量，这由嵌入得到。

第二个理念是对塞弗特在论文 [49] 中的纤维空间的推广。在美国国家科学院期刊上一个简短的注记 [61] 中，惠特尼引入了“球面空间”的定义——“这些空间中的点本身是某种简单的空间，例如球面 ……”在 [61] 中所给出的定义，是基于一些邻域覆盖一个基空间 K（一个流形或复形），在每个这样的邻域中有一个由邻域和一个固定维数的球面给出的积的同胚像。在相交的邻域上的黏合信息是由微分同胚给出来的，甚至可以由正交变换给出，在这种情形下球面空间被称为正规的。所有这样的球面的并是一个空间 $S(K)$，惠特尼称之为“全空间”。

惠特尼引用了霍特林的三维流形、塞弗特的纤维空间和特雷法尔的三维流形作为球面空间的例子。他的洞察力在于，强调从一个基空间开始，对其关联一个球面空间。对于塞弗特来说，纤维空间首先作为一个全空间，基空间（Zerlegungsfläche）是从这点导出来的。通过修正基空间，分类问题可以更明确地被提出来——找到能够区分一个基空间上球面空间的不变量。

假设给一个正规球面空间的基空间一个足够好的三角剖分，惠特尼通过扩大正交截面的基空间的骨架的选择，给出关联球面空间的不变量。这些不变量从空间 Q_s^l 在 S^l 上的 s 个有序正交点的同调中取值。惠特尼不加证明地宣称，Q_s^l 的同调由整数或者整数模 2 在一些关键的维数中给出。这些类，由基空间的胞腔索引，很快就被发现能够更容易地用同调来表示 [63]，现在它们被称为球面空间的施蒂费尔–惠特尼类。

虽然论文 [61] 缺少具体的证明，但他给了一些例子表明了推广的宽度。特别地，如果一个流形或复形嵌入到欧氏空间里，那么其对应的有相应的正规球面空间。那个球面空间的拓扑不变量是嵌入的不变量。他在 1940 年发表了一个相关注记 [64]，又是很简略的，其中这些不变量的关系给出来了。特别地，给定一个基空间的两个球面空间，可以构造一个积球面空间，其不变量以清楚的方式叙述。对于一个嵌入流形，切球空间和正规球面空间是平凡的，由此惠特尼得到一个公式，即 [33] 中的惠特尼和公式，使得不变量的计算变得简便。这在一定程度上改进了施蒂费尔的工作（见下文）。在一些讲义中 [65]，惠特尼给出了一个对于曲面上的低秩丛的计算方法，其中几何的方法可以被采用。

惠特尼计划写一本有关示性类的书，其中给出所有他注记中的定理的证明。他的文集 [67] 的编辑们认为这份进展中的工作很困难，而且惠特尼的断言和公式的证明是他所提出过的论点中最难的。后续的在代数拓扑中的发展使惠特尼的工作变得更容易处理，在这个体系下完整的证明很容易给出。

5. 纤维空间在瑞士

庞加莱在其《位置分析》之前的另一篇论文中，留下了开启代数拓扑的印记。在 1885 年，在第二个关于微分方程定性分析的研究报告里，他证明了关于曲面的庞加莱指标定理。这个定理展示了一个曲面的拓扑如何控制曲面上微积分的定性性质。特别地，如果在曲面上有一个只有有限多个奇点的向量场，那么每个奇点通过向量场在那点的局部性质可以给其一个指标，若将这些指标加起来则可以得到曲面的欧拉示性数。由此可以知道在 S^2 上没有非退化的（处处不为零）的向量场（被称为“毛球定理”（Hairy Ball Theorem）)，而且环面是唯一的存在连续非退化向量场的曲面。

L. E. J. 布劳威尔（1881—1966）在其“映射度”概念的应用中 [3]，把庞加莱的工作推广到 n 维球面。大约在同时，J. 阿达马（1865—1963）[19]，未加证明地宣称，对于嵌入某欧氏空间 $\mathbf{R}^{n+k}$ 中的一个紧 n 维流形，其上一个连续向量场的指数和是该流形的拓扑不变量。

在他的教授资格演讲（Habilitationschrift）中，H. 霍普夫（1894—1971）[22] 给出了对于一般 n 维流形的庞加莱指标定理的完整证明。他的证明是一个清晰性的典范。首先他通过一个同伦的论证，任意两个在流形上只有有限多个奇点的向量场拥有相同的指标。然后他构造了一个特殊的向量场，对应于一个给定的三角剖分，使得其指标和显然是庞加莱–欧拉示性数。

霍普夫的漂亮的论文是他的学生 E. 施蒂费尔在苏黎世大学的博士论文的出发点，霍普夫给施蒂费尔的问题是一个庞加莱指标定理的推广——给定一个 n 维流形 M，是否有 m（$m \leqslant n$）个连续的无处为零的在 M 上的向量场，在每一点处都是线性无关的？$m = 1$ 的情形就是庞加莱和霍普夫的指标定理，这时庞加莱–欧拉示性数就是一个完全的不变量。

施蒂费尔考虑一个叫作 Fernparallelismus（远程平行，绝对平行，可平行性）的几何问题的特殊情形 [48]。该问题关注流形上的平行性的传输性质：如果一个流形是可平行的，那么在每一点的切空间都同构于在其他任何点的切空间，其同构是通过沿着一条曲线的平行移动进行的，且同构与曲线的选取无关。特别地，切线局部的行为可以从整个流形中移除。可平行移动的流形的例子有李群，在李群上平行移动可以由群作用给出。

Fernparallelismus 是一个在 20 世纪 30 年代很令人感兴趣的概念[1]，由于爱因斯坦在 1928 年发表的一篇论文 [15]。其中他尝试将引力和电磁学结合在一起，爱因斯坦发现了可平行化的结果，对于黎曼曲率张量，而且发现了一个对应的张量，他希望那个张量给出电磁势能。爱因斯坦在那时的名声如此之大，以至于《纽约时报》为这个工作写了一个故事，表示他研究 Fernparallelismus“正在重大发现的边缘”[34]。平行化的思想并不是爱因斯坦最先提出来的——它最早由 E. 嘉当和 J. A. 舒尔腾在研究李群和其他一些对象时被提出来（[4]，[5]）。在嘉当和爱因斯坦的信件交流中，嘉当告诉爱因斯坦他们已经在 1922 年讨论过这种几何了。

施蒂费尔处理这个问题的方法，利用线性无关的向量场是通过霍普夫的关于指标定理的证明得来的。给定流形 M 上的 m 个向量场，那些不构成线性无关集的点的路径决定了一个 $(m-1)$ 维 M 的子复形。通过在这些链的指标的定义，施蒂费尔求出了 $H_{m-1}(M;R)$ 中的同调类，其中系数 R 由 m 框架空间的普适例子——由 $\mathbf{R}^n$ 中的 m 框架构成的流形 $V_{n,m}$——的同调群给出。施蒂费尔仔细地分析这些流形——它们如今已用他的名字命名。所求系数在特定维数由整数给出，在其他维数中则取整数的 mod 2。

在施蒂费尔的论文里的主要定理是霍普夫定理的推广：在给定适当系数的 M 的同调群里，存在 $F^0, F^1, \cdots, F^{m-1}$ 类，它们必为零，如果 M 上存在 m 个处处线性无关的向量。这个定理的推论包括，所有闭的可定向三维流形都是可平行化的，以及对于李群这些不变量都为 0。施蒂费尔对实射影空间 $\mathbf{R}P^{4k+1}$ 分析了示性类 F^i 并且证明了在这个空间上不存在处处线性无关的向量场（$F^1 \neq 0$）。

---

[1]感谢 Jim Ritter 为我指出了这一点。我还对这样的问题感兴趣：霍普夫是什么时候知道 Fernparallelismus 问题的——他在哥廷根度过夏天，那里人们正关注相对论的研究；而在更早的 1928 年，他作为洛克菲勒研究员在普林斯顿。

施蒂费尔的论文和惠特尼的论文形成鲜明的对比。施蒂费尔是一个在亚当斯定义下的乌龟，认真地关注著名问题然后提出新的论证，以此给出新的应用。对于施蒂费尔来说，纤维空间是切空间；他并没有定义新的对象，只研究与流形有关已被接受的对象。其论文中最有趣的新意，是介绍和分析施蒂费尔流形 $V_{n,m}$。惠特尼则相反，他定义了一类新的对象——球面空间，使得他能够用格拉斯曼流形来研究分类问题，他的工具对应了施蒂费尔流形。他的直觉跑得比他的工具更快，而且他只对比较几何的情形给出了完整的证明。其他人则继续做这些研究。

6. 莫斯科 1935

拓扑学作为一个数学方向，是在普林斯顿在 20 世纪 30 年代早期建立起来的[2]。布劳威尔在阿姆斯特丹，霍普夫在苏黎世，亚历山德罗夫在莫斯科，由于他们的活动，形成了这个方向的国际研究团体。为了在这个团体中加强交流，P. S. 亚历山德罗夫（1896—1982）于 1935 年 9 月 4–10 日组织了第一届国际拓扑会议。艾伦 · 塔克在美国数学会的公告板上报告了这个会议 [58]：

> “一共有 37 位代表，12 位来自苏联，25 位来自 9 个外国国家，包括 10 位来自美国；同时也有 20 位访问者出席，大多数来自苏维埃社会主义共和国联盟。这个团体因为它的年轻有活力与充满激情而显得十分有价值；虽然人数很少，但是却包括了很大比例的世界上活跃的拓扑学家。”

列出来的参与者包括莱夫谢茨，博苏克，切赫，弗赖登塔尔，P. A. 史密斯，吉洪诺夫，亚历山大，柯尔莫哥洛夫，霍普夫，惠特尼，库拉托夫斯基，谢尔宾斯基，范坎彭，冯 · 诺伊曼，庞特里亚金，韦伊，赫戈，德勒姆，扎里斯基，胡列维茨，等等。

很多人表示，这个会议是拓扑学发展上十分关键的时刻（参见 [31], [67], [27]；特别是 [27, p. 840] 中有一些参会者的照片）。这个会议有三个方面对我们的故事十分重要：

（I）柯尔莫哥洛夫和亚历山大各自做了关于上同调的演讲，同时也讲了其上积运算。惠特尼和切赫两位在场者，马上采用了这个新的结构，修正了原来的表述里的错误，而且发现了新的应用。惠特尼，事实上，在莫斯科做了一个演讲，用上同调的语言重新表述了霍普夫的结果 [67]。

---

[2]关于 20 世纪 30 年代早期普林斯顿研究活动的口述历史，由艾伦 · 塔克与其合作者操办。参见网站 http://www.princeton.edu/mudd/math。

（II）霍普夫介绍了斯蒂费尔关于向量场和示性类的工作；惠特尼介绍了他的关于球面空间更一般的概念，以及他对分类问题的研究。

（III）胡列维茨的演讲是关于空间高维同伦群的定义 [25]。在会议的参加者中，切赫在 1932 年在苏黎世的会议上已经展示了这些不变量的定义，而亚历山大和范 · 丹齐克宣称他们在一些未出版的文献里已经研究过这些群。

是什么让胡列维茨的报告对高阶同伦群的研究产生重大意义？在其 1935—1936 年的 4 份讲义里，胡列维茨概述了他对映射空间经典不变量的研究——特别地，基映射空间 $(X, x_0)^{(S^{n-1}, e_0)}$ 所对应的不变量就是其基本群 $\pi_n(X, x_0)$。胡列维茨关心一般映射空间的点集拓扑，而且将这些结果应用到定义域是球面的情形。他的连接高维同伦群和同调群的著名定理，是另外一座连接空间最经典的不变量和这些新不变量的桥梁。

对于纤维空间的理论，高维同伦群的引入起了重大作用——胡列维茨研究了李群 G 的闭子群 H 的情形，比较映射空间 H^X，G^X 和 G^X/H^X。考虑到 G 和 H 都是拓扑群，所以映射空间 G^X 和 H^X 也是拓扑群。在保持基点的映射空间和 $X = S^{n-1}$ 的情况下，他在"定理 12"（Satz XII）中证明了 $\pi_n(G)$，$\pi_n(H)$ 和 $\pi_n(G/H)$ 之间的一些关系。加上霍普夫的结果 [23]，$\pi_3(S^2) \cong \mathbf{Z}$，新的不变量的计算似乎变得可能了。更进一步的是，高维同伦群的性质的描述给拓扑学家们展现了一个新的远景让他们去探索。

7. 纤维空间在法国

在莫斯科会议的一个月后，第二个国际会议"几何与拓扑若干问题研讨会"（Colloque sur quelques questions de Géométrie et de Topologie）在日内瓦举办（[27]）。虽然在莫斯科和日内瓦有一些相同的报告者，但是其中的强调点有所不同。更一般地说，在莫斯科，更多讨论的是一般空间的一般不变量，而在日内瓦，展示的是特殊空间的特殊方面（那些在几何中比较重要的空间）。来自法国的演讲者包括 É. 嘉当（1869—1951），A. 韦伊（1906—1998）和 Ch. 埃瑞斯曼（1905—1979），他们的内容全都在李理论方面。

对于齐次空间的研究源自克莱因的埃尔朗根纲领。变换群往往是李群，而且齐次空间往往被这样的一个变换群所作用。李群的拓扑性质是 É. 嘉当在 20 世纪 20 年代的一系列有创见的论文的重点，被收集在书 [8] 里。在这些论文中，他基于庞加莱的观察，也就是一个流形上的微分形式和外导数由这个流形的拓扑所决定，因此可以被用来决定拓扑性质。这导致嘉当通过左不变形式的秩猜想紧李群的贝蒂数。G. 德勒姆（1903—1990）在 1931 年证明了这个猜想 [46]，他实际上证明了流形上由积分所给出的链与微分形式之间更一般的关系——贝蒂数可以通过某种对偶参数得到。

艾瑞斯曼在嘉当的指导下，于 1933 年完成博士论文。其中计算了格拉斯曼流形 $G_{n,m} = O(n)/O(m) \times O(m-n)$ 的贝蒂数，为此他利用了 $G_{n,m}$ 既是流形又是代数簇这一事实。他在计算中所得到的数据，对于研究纤维丛的分类问题极为重要。

20 世纪 30 年代后期，身在斯特拉斯堡大学的艾瑞斯曼，开始与其首个博士生 J. 费尔德波（1914—1945）合作，研究推广纤维空间的概念，以将李群作为例子包含其中。给定一个李群 G 的闭子群 H，其左陪集作为齐次空间之并 $G = \bigcup_{g\in G} gH$ 给出 G 的一个分解。1939 年，费尔德波给出了一个类似于塞弗特的并强调局部积结构的关于纤维空间的定义。为了从球面空间开始推广，费尔德波增加了一个结构群，这里作为一族同胚 $H(x) : F_x \to F$（从 x 点上的纤维 F_x 到某固定的纤维 F）给出。他要求 $H(x)$ 是连续的，并且复合映射 $\phi_{ij}(x) = H_i^{-1}(x) \circ H_j(x)$ 在相交的邻域处落在 F 的一个给定自同构群中。作为例子，若 $F = S^{n-1}$，则根据惠特尼，可以选 $SO(n)$ 作为可定向球面。这个定义足够证明定理：一个基空间可缩的纤维空间，同伦等价于空间的积。利用这个结果和双重归纳，费尔德波给出了基空间为球面 S^n 的纤维空间在同伦等价意义下的完整分类：它们与映射 $S^{n-1} \to G$ 的同伦类一一对应，即纤维的自同构群。

在费尔德波的工作中，在同伦意义下的分类是关键的。在其注记的最后，他提到这个分类的推论：$\pi_{2n-1}(O(2n)) \neq \{0\}$，因为有 S^{2n} 不容许处处不为 0 的向量场这个经典事实。将这个命题反过来，亚历山德罗夫–霍普夫的计算 $\pi_2(O(n)) = \{0\}$ 蕴含了，每个以 S^r 为基并以 S^3 为纤维的纤维空间都是平凡的。因此新的纤维空间的定义对研究一般的纤维空间是重要的，而且将计算特定空间的同伦群的问题放到了这个几何问题的中心。在 1958 年一份手写的关于费尔德波工作的报告 [14] 中，埃瑞斯曼描述了费尔德波没有完成的博士论文。其中第一章讲述高阶同伦群计算的现状。

第二次世界大战的爆发导致了斯特拉斯堡大学的关闭，而原先大学的活动都搬迁到未被占领的法国克莱蒙费朗（Clermont-Ferrand）。在那里，埃瑞斯曼和费尔德波继续他们在纤维空间上的工作。费尔德波在《法国数学会简报》（Bulletin Soc. Math. France）上发表了第二篇注记 [17]，其中他在自己研究的背景下，分析了施蒂费尔的关于平行移动的工作。注记是以 Jacques Laboureur 的假名发表的。作为一个犹太人，费尔德波害怕他自己的名字出现在巴黎的期刊上会有不好的后果，故用化名 Laboureur（农夫）——费尔德波（耕作）的法文形式。他在 1943 年被逮捕，并在 1945 年 4 月 22 日在奥斯维辛集中营辞世（[68]）。

8. 各自独立的统一

对于拓扑学家团体来说，莫斯科 1935 年的会议是一个历史性的时刻，因为它形成了一个充满激情和不断进步的群体，使得新的问题、方法和合作成为可能。第二次世界大战通过延迟和压制出版和交流，将不同国家的研究者们隔离开来。1941 年，纤维空间理论的“奇迹之年”，出现了三篇论文，每篇都得到了相同的关键引理，而且作为他们各自独立的定义的结果。

埃瑞斯曼和费尔德波 [13] 将费尔德波 [16] 应用于流形的定义，扩展到带有纤维自同构群 G 的一般纤维空间。这个定义使得他们通过细分的方法证明了“形变引理”。这个引理是覆盖同伦性质，它给出了现在的纤维化的定义：

一个映射 $p: E \to B$ 具有“覆盖同伦性质”，如果对于任意映射 $\Phi_0: K \to E$，有一个投影 $p \circ \Phi_0 = \phi_0: K \to B$，其中对于同伦 $\phi: [0,1] \times K \to B$ 有 $\phi_0(x) = \phi(0,x)$，则存在连续映射 $\Phi: [0,1] \times K \to E$，满足 $\Phi(0,y) = \Phi_0(y)$ 且 $p \circ \Phi = \phi$。

这个引理直接导出了纤维空间 E、基空间 B 和纤维 F 的同伦群之间的关系。用现代的说法（当时还没有），存在一个长正合列：

$$\cdots \to \pi_n(F) \to \pi_n(E) \to \pi_n(B) \to \pi_{n-1}(F) \to \cdots .$$

当时正合列的表达方式还没有出现，但是埃瑞斯曼和费尔德波给了具体的每个空间的同伦群的子群之间的同构。从他们的主定理他们通过球面的同伦群和胡列维茨在 [25] 中宣称已经得到的结果计算了复射影空间的同伦群。

在美国，胡列维茨和斯廷罗德发表了一篇研究纤维空间的论文，其中主要关注有关空间的点集拓扑性质。胡列维茨在其对映射空间的点集探究的基础上引入了同伦群，斯廷罗德很早就从他的拓扑老师瓦尔德处对点集问题有兴趣。纤维空间 $p: E \to B$ 的定义性质，在 [26] 里，是切片函数 $\phi: A \to E$ 的存在性，其中基空间 B 是一个度量空间，A 是 $E \times B$ 的子空间，由 $\{(x,b)|d_B(p(x),b) < \varepsilon_0\}$ 给出，其中 $\varepsilon_0 > 0$ 是某个给定的实数。切片函数满足额外的性质 $p \circ \phi(x,b) = b$ 对于任意的 $(x,b) \in A$ 且 $\phi(x,p(x)) = x$ 对于任意的 $x \in E$。他们给了例子，包括覆盖空间，从一个流形到另一个流形的非退化的映射（这个包括霍普夫映射），还有商映射 $G \to G/H$，其中 H 是李群 G 的闭子群。主要定理是覆盖同伦性质，在这种情况下通过细分区间 $[0,1]$ 到足够小再利用切片函数被证明。从这个定理他们推断出所有纤维的同伦等价，霍普夫映射的非平凡性，和纤维空间、基空间、纤维的高阶同伦群之间正合的关系。他们通过同伦群，把这些关系应用于霍普夫纤维化和纤维空间 $p: SO(n) \to S^{n-1} = SO(n)/SO(n-1)$。

R. H. 福克斯（1913—1973）对胡列维茨和斯廷罗德 [18] 的定义提出了

反对意见：度量空间的假设不是拓扑的。他尝试通过切片函数的另一个定义来去除这个假设。在一个胡列维茨和斯廷罗德感兴趣的例子上，福克斯的定义是和他们一致的，在可度量化空间上，福克斯通过乌里松引理扩展了定义。事实上，福克斯的证明在 [68] 中被指出来有一个漏洞，不过能够用后来引入的单位分解来解决。

斯廷罗德在战争期间仍然继续他在纤维空间上的工作。他引入了一个流形的切丛上的运算 [53]，由此给出对偶丛和这些丛的张量积。因此这样的丛的截面是以流形为定义域的张量函数。在一篇重要的论文 [54] 中，他开始了分类球面空间的工作。他区别了纤维空间（同伦意义下）和纤维丛，其中的关键性质是一个局部积结构和一个结构群，并决定了局部积在相交的地方黏合起来。他在论文里注记到，“纤维丛的概念有点复杂。”作为题外话，他也提到了纤维丛和群扩张的类似之处。对于球丛（惠特尼的球面空间），他研究了这些空间的同伦理论：$M_l^k = SO(k+l+2)/SO(k+1) \times SO(l+1)$，格拉斯曼流形及其两片覆盖 $\widetilde{M}_l^k$——这个空间可以看成是 $(k+l+1)$ 维球面的 k 维大球。斯廷罗德证明了，以 B 为基空间的 k 维球丛的分类问题等价于计算从 B 到 M_l^k 连续映射的同伦类，对任意的 $l \geqslant \dim B$。因此，在费尔德波的工作中，一个几何的问题，分类球丛，被证明等价于同伦论中的一个问题。

最后加入纤维空间定义之竞争的工作，来自 B. 埃克曼（1917—）在霍普夫指导下的博士论文 [9]。埃克曼的纤维空间的假设选择是收缩分解（retrahierbare Zerlegungen）的存在性：映射 $p: E \to B$ 是一个纤维空间，若每点 $b \in B$ 有一个邻域 $U(b)$，使得存在一个依赖于 b 映上（onto）$p^{-1}(\{b\})$ 的 $p^{-1}(U(b))$ 的收缩 $R(x,b)$ 满足 $R(x,b) = x$ 当 $x \in p^{-1}(\{b\})$。对于埃克曼来说，主要的例子的基空间是一个紧度量空间，且收缩分解可以由类似胡列维茨和斯廷罗德给出的提升的论据给出。定义的主要应用是，再一次地，覆盖同伦性质，和基空间、全空间、纤维的同伦群之间的关系。埃克曼的主要例子是霍普夫纤维化和特定的齐次空间，他从这些例子和关系中计算了球面和紧李群的同伦群。这些计算结果的推论包括对于纤维空间特定的几何表述的截面不存在性定理。在后续的论文中，埃克曼利用这些方法处理一些李群的问题，和连续系数的线性方程组的解的存在性 [10]。将这些几何问题约化为同伦问题导致了重要的内在构想的同伦论的分支的浮现，以及建立了这个新的专题和广为接受的数学领域之间的联系。

9. 总结

在第一本处理纤维空间和纤维丛的教材里 [55]，斯廷罗德写到，纤维丛“标志着代数拓扑返璞归真；在很多年的内省的发展后，这个学科从研究经典流形的根里复兴了。”纤维空间的根源的确在于流形的研究，特别地，寻找那些可能解决庞加莱猜想的例子和不变量（在写这段话的时候庞加莱猜想还没有被解决）。虽然这个计划没有成功解决庞加莱猜想，但是其理念并没有被放弃——纤维空间的理念在新的环境中被发现找到应用；特别地，施蒂费尔用它来解决问题流形上向量场的存在性问题和惠特尼用它来研究更一般的向量丛。

分类问题始终是发展新事物中最关键的——在塞弗特的情况下，是三维流形；在惠特尼和施蒂费尔的情况下，是新的对象。研究纤维空间的工具被锻造为新的代数不变量，在 1935 年被引入国际舞台，被称为上同调环和同伦群。胡列维茨的关键的计算，联系纤维空间的高阶同伦群 $G \to G/H$ 非常意外地提供了一个基本的例子，被二战时期孤立的研究团队提出来，在此期间三个团队发现了相同的性质，覆盖同伦性质，作为关键的工具来解锁纤维空间的应用。

但是，主要的问题已经发生了变化，关注点转移到了空间同伦群的计算上。纤维空间的同调理论在战争期间被其他人所发展，特别是霍普夫的学生，和 J. 勒雷（1906—1998）在一个战犯监狱里（见 [32]）。到 1950 年为止，斯廷罗德的教材时代，纤维空间已经在代数拓扑里被作为一个完善的基本工具。下一个故事中的大事件就是 J. P. 塞尔（1926— ）的博士论文，他更进一步修改了纤维空间的定义，主要核心是通过替换覆盖同伦性质 [52]。塞尔发展的同调方法给同伦论增加了很多工具和例子，它们相当程度上深化了这个学科。斯廷罗德提到的这个学科的内省的发展也结下了果实，而且与其他领域，如微分几何之间的新的联系，也被加进去了。在下一个世纪一个成熟的学科出现了。在庞加莱和塞尔之间的 50 年的发展是至关重要的，被像惠特尼这样的兔子以及施蒂费尔这样的乌龟引导，也就是说，通过混合一般性和坚实的例子。纤维空间发展的故事——关于例子和定义——是现代数学常规发展的一个例子，通过“内省的发展”和“复兴”。

参考文献

[1] Birkhoff, G. D., Proof of Poincaré's geometric theorem, Trans. Amer. Math. Soc. 14(1913), 14–22.

[2] Birkhoff, G. D., Dynamical systems with two degrees of freedom, Trans. Amer. Math. Soc. 18(1917), 199–300.

[3] Brouwer, L. E. J., Über Abbildungen von Mannigfaltigkeiten, Math. Ann. 71(1911), 97–115.

[4] Cartan, É. and Schouten, J. A., On the geometry of group manifolds of simple and semi-simple groups, Proc. Kon. Ned. Akad. Amsterdam 29(1926), 803−815.

[5] Cartan, É., La géométrie des groupes simples, Ann. di Mat. 4(1927), 209−256.

[6] Cartan, É., Sur les nombres de Betti des espaces de groupes clos, C. R. Acad. Sci. Paris 187(1928), 196−198.

[7] Cartan, É., Sur les invariants intégraux de certains espaces homogènes clos, ⋯, Ann. Soc. Pol. Math. 8(1929), 181−225.

[8] Cartan, É., La topologie des espaces représentatifs des groupes de Lie, Acualités Scientifiques et Industrielles, no. 358, Hermann, Paris, 1936.

[9] Eckmann, B., Zur Homotopietheorie gefaserter Räume, Comm. Math. Helv. 14(1942), 141−192.

[10] Eckmann, B., Stetige Lösungen linearer Gleichungssysteme, Comm. Math. Helv. 15 (1943), 318−339.

[11] Eckmann, B., The birth of fibre spaces, and homotopy, Expos. Math. 17(1999), 23−34.

[12] Ehresmann, Ch., Sur la topologie de certains espaces homogénes, Ann. Math. 35(1934), 396−443.

[13] Ehresmann, Ch. and Feldbau, J., Sur les propriétés d'homotopie des espaces fibrés, C. R. Acad. Sci. Paris 212(1941), 945−948.

[14] Ehresmann, Ch., Œuvres complétes et commentées. I-1,2. Topologie algébrique et géométrie différentielle. Edited by Andrée Charles Ehresmann. Cahiers Topologie Géom. Différentielle 24(1983), suppl. 1, xxix+601 pp.

[15] Einstein, A., Riemann Geometrie mit Aufrechterhaltung des Begriffes des Fernparallelismus, Siz. Preuß. Akad. (1928), 217−221.

[16] Feldbau, J., Sur la classification des espaces fibrés, C. R. Acad. Sci. Paris 208(1939), 1621−1623.

[17] Feldbau, J. (alias J. Laboureur), Les structures fibrés sur le sphére et le probléme du parallélisme, Bull. Soc. Math. France 70(1942), 181−185.

[18] Fox, R. H., On fibre spaces I, II, Bull. Amer. Math. Soc. 49(1943), 555−557, 733−735.

[19] Hadamard, J., Note sur quelques applications de l'indice de Kronecker, in Tannery, Introduction à la théorie des fonctions d'une variable II, 2nd edition, 1910, Paris.

[20] Hausdorff, F., Mengenlehre, de Gruyter, Berlin, 1927.

[21] Hilbert, D., Die Grundlagen der Geometrie, Leipzig, 1902.

[22] Hopf, H., Vektorfelder in n-dimensionaler Mannigfaltigkeiten, Math. Ann. 96(1926), 427−440.

[23] Hopf, H., Über die Abbildungen der dreidimensionalen Sphäre auf die Kugelfläche, Math. Ann. 104(1932), 637−665.

[24] Hotelling, H., Three dimensional manifolds of states of motion, Trans. Amer. Math. Soc. 27(1925), 329−344.

[25] Hurewicz, W., Beiträge zur Topologie der Deformationen, I: Höherdimensionalen Homotopiegruppen; II: Homotopie- und Homologiegruppen; III: Klassen und Homologietypen von Abbildungen; IV: Asphärische Räume, Proc. Akad. Wetensch. Amsterdam 38(1935), 112–119, 521–528; 39(1936), 117–126, 215–224.

[26] Hurewicz, W. and Steenrod, N. E., Homotopy relations in fibre spaces, Proc. Nat. Acad. Sci. USA 27(1941), 60–64.

[27] James, I. M., Topologists at conferences, in History of Topology, edited by I. M. James, Elsevier, Amsterdam, 1999, 837–848.

[28] Van Kampen, E. R., Die kombinatorische Topologie und die Dualitätssätze, Dissertation, Leiden, 1929.

[29] Kneser, H., Die Topologie der Mannigfaltigkeiten, Jhrsb. D. Math. Ver. 34(1925), 1–14.

[30] Massey, W. S., Some problems in algebraic topology and the theory of fibre bundles, Annals of Math. 62(1955), 327–359.

[31] Massey, W. S., A history of cohomology theory, in History of Topology, edited by I. M. James, Elsevier, Amsterdam, 1999, 579–603.

[32] McCleary, J., A history of spectral sequences, in History of Topology, ed. by I. M. James, Elsevier, Amsterdam, 1999, 631–663.

[33] Milnor, J. W. and Stasheff, J. D., Characteristic Classes, Princeton University Press, Annals of Mathematics Studies 76, Princeton, NJ, 1974.

[34] Pais, A., "Subtle is the Lord. . .": The Science and the Life of Albert Einstein, Oxford University Press, Oxford, 1982.

[35] Parshall, K. H., Entering the international arena: E. H. Moore, the University of Chicago, and Hilbert's Grundlagen der Geometrie, in Proceedings of the Fourth International Galdeano Symposium: June 1999, edited by Elena Ausejo and Mariano Hormigón, to appear.

[36] Poincaré, H., Mèmoire sur les courbes définis par une équation différentielle, Jour. de Math. 7(3) (1881), 375–422.

[37] Poincaré, H., Sur les courbes définies par les équations différentielles, Jour. de Math. (4)1(1885), 167–244.

[38] Poincaré, H., Analysis situs, Rend. Circ. Math. d. Palermo 13(1899), 285–343.

[39] Poincaré, H., Complément à l'analysis situs, Rend. Circ. Math. d. Palermo 13(1899), 285–343.

[40] Poincaré, H., Complément à l'analysis situs, Rend. Circ. Math. d. Palermo 13(1899), 285–343.

[41] Poincaré, H., Second complément à l'analysis situs, Proc. Lond. Math. Soc. 32(1900), 277–308.

[42] Poincaré, H., Sur certaines surfaces algèbriques; troisiéme complément à l'analysis situs, Bull. Soc. Math. France 30(1902), 49–70.

[43] Poincaré, H., Sur les cycles algèbriques: quatrième complément à l'analysis situs, J. de Math. 8(1902), 169–214.

[44] Poincaré, H., Cinquième complément à l'analysis situs, Rend. Circ. Math. d. Palermo 18(1904), 45–110.

[45] Radó, T., Über den Begriff der Riemannschen Fläche, Acta. litt. scient. Univ. Szeged 2(1925), 101–121.

[46] de Rham, G., , Sur l'analysis situs des variétés à n dimensions, J. Math. Pures Appl. (9) 10(1931), 102–109.

[47] Scholz, E., The concept of manifold, 1850–1950, in History of Topology, edited by I. M. James, Elsevier, Amsterdam, 1999, 25–64.

[48] Schouten, J. A., Ricci-Calculus, Grundlehren der Mathematischen Wissenschaften, Band X, second ed., Springer-Verlag, Berlin, 1954.

[49] Seifert, H., Topologie dreidimensionaler gefaserter Räume, Acta Math. 60(1932), 147–238.

[50] Seifert, H., Algebraische Approximation von Mannigfaltigkeiten, Math. Zeit. 41(1936), 1–17.

[51] Seifert, H. and Threlfall, W., Lehrbuch der Topologie, Teubner, Leipzig-Berlin, 1934.

[52] Serre, J. -P., Homologie singulière des espaces fibrés. Applications, Ann. Math. 54 (1951), 425–505.

[53] Steenrod, N. E., Topological methods for the construction of tensor functions, Ann. Math. 43(1942), 116–131.

[54] Steenrod, N. E., The classification of sphere bundles, Ann. Math. 45(1944), 294–311.

[55] Steenrod, N. E., The Topology of Fibre Bundles, Princeton University Press, Princeton, NJ, 1951.

[56] Stiefel, E., Richtungsfelder und Fernparallelismus in n-dimensionaler Mannigfaltigkeiten, Comm. Math. Helv. 8(1936), 305–353.

[57] Threlfall, W., Räume aus Linienelementen, Jahresbericht D. Math. Ver. 42(1932), 88–110.

[58] Tucker, A., The topological congress in Moscow, Bull. Amer. Math. Soc. 41(1935), 764.

[59] van der Waerden, B. L., Kombinatorische Topologie, Jahresbericht D. Math. Ver. 39(1929), 121–139.

[60] Veblen, O. and Whitehead, J. H. C., The Foundations of Differential Geometry, Cambridge University Press, London, 1932.

[61] Whitney, H., Sphere spaces, Proc. Nat. Acad. Sci. USA 21(1935), 464–468.

[62] Whitney, H., Differentiable manifolds, Ann. of Math. 37(1936), 645–680.

[63] Whitney, H., Topological properties of differentiable manifolds, Bull. Amer. Math. Soc. 43(1937), 785–805.

[64] Whitney, H., On the theory of sphere bundles, Proc. Nat. Acad. Sci. USA 26(1940), 143–153.

[65] Whitney, H., On the topology of differentiable manifolds, in Lectures in Topology, Conference at the University of Michigan, 1940, Univ. of Mich. Press, 1941, 101–141.

[66] Whitney, H., Moscow 1935: Topology moving toward America, in A Century of Mathematics in America, edited by P. Duren, Amer. Math. Soc., Providence, RI (1989), 97–117.

[67] Whitney, H., Collected papers. Vol. I, II. Edited and with a preface by James Eells and Domingo Toledo. Contemporary Mathematicians. Birkhäuser Boston, MA, 1992.

[68] Zisman, M., Fibre bundles, fibre maps, in History of Topology, edited by I. M. James, Elsevier, Amsterdam, 1999, 605–629.

编者按：原文发表在 Rend. Circ. Mat. di Palermo Series II, Suppl., 72 (2004), 9–29. 作者 John McCleary 是美国瓦萨学院（Vassar College）的数学与统计学讲席教授；除了研究同伦理论在流形上的应用外，他对几何学和拓扑学的历史特别感兴趣。本文是作者于 2000 年 1 月 30 日—2 月 5 日在上沃尔法赫（Oberwohlfac）举行的“20 世纪数学的历史”会议上所做报告的内容的扩充。

科学素养丛书

(书号前缀为 978-7-04-0xxxxx-x)

序号	书号	书名	著译者
1	29584-9	数学与人文	丘成桐 等 主编, 姚恩瑜 副主编
2	29623-5	传奇数学家华罗庚	丘成桐 等 主编, 冯克勤 副主编
3	31490-8	陈省身与几何学的发展	丘成桐 等 主编, 王善平 副主编
4	32286-6	女性与数学	丘成桐 等 主编, 李文林 副主编
5	32285-9	数学与教育	丘成桐 等 主编, 张英伯 副主编
6	34534-6	数学无处不在	丘成桐 等 主编, 李方 副主编
7	34149-2	魅力数学	丘成桐 等 主编, 李文林 副主编
8	34304-5	数学与求学	丘成桐 等 主编, 张英伯 副主编
9	35151-4	回望数学	丘成桐 等 主编, 李方 副主编
10	38035-4	数学前沿	丘成桐 等 主编, 曲安京 副主编
11	38230-3	好的数学	丘成桐 等 主编, 曲安京 副主编
12	29484-2	百年数学	丘成桐 等 主编, 李文林 副主编
13	39130-5	数学与对称	丘成桐 等 主编, 王善平 副主编
14	41221-5	数学与科学	丘成桐 等 主编, 张顺燕 副主编
15	41222-2	与数学大师面对面	丘成桐 等 主编, 徐浩 副主编
16	42242-9	数学与生活	丘成桐 等 主编, 徐浩 副主编
17	42812-4	数学的艺术	丘成桐 等 主编, 李方 副主编
18	42831-5	数学的应用	丘成桐 等 主编, 姚恩瑜 副主编
19	45365-2	丘成桐的数学人生	丘成桐 等 主编, 徐浩 副主编
20	44996-9	数学的教与学	丘成桐 等 主编, 张英伯 副主编
21	46505-1	数学百草园	丘成桐 等 主编, 杨静 副主编
22	48737-4	数学竞赛和数学研究	丘成桐 等 主编, 熊斌 副主编
23	35167-5	Klein 数学讲座	F. 克莱因 著, 陈光还 译, 徐佩 校
24	35182-8	Littlewood 数学随笔集	J. E. 李特尔伍德 著, 李培廉 译
25	33995-6	直观几何 (上册)	D. 希尔伯特 等著, 王联芳 译, 江泽涵 校
26	33994-9	直观几何 (下册)	D. 希尔伯特 等著, 王联芳、齐民友译
27	36759-1	惠更斯与巴罗, 牛顿与胡克 —— 数学分析与突变理论的起步，从渐伸线到准晶体	B. И. 阿诺尔德 著, 李培廉 译
28	35175-0	生命 艺术 几何	M. 吉卡 著, 盛立人 译
29	37820-7	关于概率的哲学随笔	P. S. 拉普拉斯 著, 龚光鲁、钱敏平 译
30	39360-6	代数基本概念	I. R. 沙法列维奇 著，李福安 译
31	41675-6	圆与球	W. 布拉施克著，苏步青 译
32	43237-4	数学的世界 I	J. R. 纽曼 编，王善平 李璐 译
33	44640-1	数学的世界 II	J. R. 纽曼 编，李文林 等译
34	43699-0	数学的世界 III	J. R. 纽曼 编，王耀东 等译
35	45070-5	对称的观念在19世纪的演变: Klein 和 Lie	I. M. 亚格洛姆 著，赵振江 译

续表

序号	书号	书名	著译者
36	45494–9	泛函分析史	J. 迪厄多内 著，曲安京、李亚亚 等译
37	46746–8	Milnor眼中的数学和数学家	J. 米尔诺 著，赵学志、熊金城 译
38		数学简史（第四版）	D. J. 斯特洛伊克 著，胡滨 译
39	47776–4	数学欣赏（论数与形）	H. 拉德马赫、O. 特普利茨 著，左平 译
40	31208–9	数学及其历史	John Stillwell 著, 袁向东、冯绪宁 译
41	44409–4	数学天书中的证明 (第五版)	Martin Aigner 等著, 冯荣权 等译
42	30530–2	解码者：数学探秘之旅	Jean F. Dars 等著, 李锋 译
43	29213–8	数论：从汉穆拉比到勒让德的历史导引	A. Weil 著, 胥鸣伟 译
44	28886–5	数学在 19 世纪的发展 (第一卷)	F. Kelin 著, 齐民友 译
45	32284–2	数学在 19 世纪的发展 (第二卷)	F. Kelin 著, 李培廉 译
46	17389–5	初等几何的著名问题	F. Kelin 著, 沈一兵 译
47	25382–5	著名几何问题及其解法：尺规作图的历史	B. Bold 著, 郑元禄 译
48	25383–2	趣味密码术与密写术	M. Gardner 著, 王善平 译
49	26230–8	莫斯科智力游戏：359 道数学趣味题	B. A. Kordemsky 著, 叶其孝 译
50	36893–2	数学之英文写作	汤涛、丁玖 著
51	35148–4	智者的困惑 —— 混沌分形漫谈	丁玖 著
52	47951–5	计数之乐	T. W. Körner 著，涂泓 译，冯承天 校译
53	47174–8	来自德国的数学盛宴	Ehrhard Behrends 等著，邱予嘉 译
54	48369–7	妙思统计（第四版）	Uri Bram 著，彭英之 译

图书在版编目（CIP）数据

数学竞赛和数学研究 / 丘成桐等主编. -- 北京：高等教育出版社，2017.11
（数学与人文；第22辑）
ISBN 978-7-04-048737-4

Ⅰ.①数… Ⅱ.①丘… Ⅲ.①数学—普及读物 Ⅳ.①O1-49

中国版本图书馆 CIP 数据核字（2017）第 247883 号

策划编辑 李 鹏
责任编辑 李 鹏 李华英 赵天夫
封面设计 王凌波
责任印制 尤 静

出版发行 高等教育出版社
社 址 北京市西城区德外大街 4 号
邮政编码 100120
购书热线 010-58581118
咨询电话 400-810-0598
网 址 http://www.hep.edu.cn
http://www.hep.com.cn
网上订购 http://www.hepmall.com.cn
http://www.hepmall.com
http://www.hepmall.cn
印 刷 涿州市星河印刷有限公司
开 本 787mm×1092mm 1/16
印 张 12.25
字 数 220 千字
版 次 2017年11月第1版
印 次 2017年11月第1次印刷
定 价 29.00元

物 料 号 48737-00